决疑术

如何解决难题

武敬敏 著

中国华侨出版社

·北京·

图书在版编目(CIP)数据

决疑术：如何解决难题/武敬敏著.—北京：中国华侨出版社，2023.4（2025.3重印）.

ISBN 978-7-5113-8629-8

Ⅰ.①决… Ⅱ.①武… Ⅲ.①心理学—通俗读物
Ⅳ.①B84-49

中国版本图书馆CIP数据核字（2021）第195117号

决疑术：如何解决难题

著　　　者：武敬敏	
责任编辑：姜薇薇	
封面设计：韩　立	
文字编辑：胡宝林	
美术编辑：盛小云	
经　　销：新华书店	
开　　本：880mm×1230mm　1/32开　印张：8　字数：170千字	
印　　刷：德富泰（唐山）印务有限公司	
版　　次：2023年4月第1版	
印　　次：2025年3月第3次印刷	
书　　号：ISBN 978-7-5113-8629-8	
定　　价：39.80元	

中国华侨出版社　　北京市朝阳区西坝河东里77号楼底商5号　　邮编：100028
发 行 部：(010) 58815874　　　传　真：(010) 58815857

如果发现印装质量问题，影响阅读，请与印刷厂联系调换。

我们经常由于分析错误而在决策中犯错误，小到从杂货店里买错了麦片的品牌，大到往一个日益衰败的企业投资上百万美元。其中一些错误可能是缺乏信息或者没有接受过相应教育所致，而大部分则是我们的思维方法有问题所致。我们的大脑经常误导我们，让我们对一些事情和情况产生错误的理解，从而导致我们对于事情和情况的分析错误。有时，错误的分析会使我们付出高昂的代价，甚至会造成致命的后果。

　　但是，我们不必被动接受大自然所给予我们的平均成功率。通过对阻碍大脑进行有效分析的障碍和缺陷的了解，掌握克服它们的技巧和方法——决疑术，就会提高我们的平均成功率，而且是成倍地提高。这种提高可能对我们决策过程起决定作用，甚至对于人的幸福、职场成功，或者生活本身来说至关重要。笔者所说的技巧和方法就是这本书所要讨论的内容：组织方法、统筹规划以及问题分析。

本书阐释了什么叫决疑术；区分并描述了可能误导我们的大脑特征；解释了如何对问题进行统筹分析，从而避免这些特征的负面作用；阐明了8种简单易懂的决疑分析方法；提供了有针对性的练习，通过练习，读者能够逐渐掌握这些方法。

我们解决疑问所使用的普通方法通常足以解决90%的问题。而剩下的10%，也是最为重要的大问题，则不大可能通过这些方法得到有效的解决。我们都想在日常生活和职业生涯中做出合理而有效的决策，但当我们遇到复杂的多层面问题时，要想做到这一点并非易事。现代的生活节奏杂乱，我们通常没有时间或耐心去寻找最佳解决方案。因此，人们迫切需要一种能使疑问"迎刃而解"的方法，这种需求使人们乐于接受任何哪怕只能暂时的缓解压力的方法。在这种高压氛围里，很难彻底解决我们所面临的问题，更谈不上完全理解。因此，在这种情况下，我们常常寻求我们可以接受的部分解决方案，只要这种方案不是一无是处，我们就会把它当成最佳方案。

　　本书所列举的决疑方法在其他任何地方都没有从这样实用的自己动手的角度加以传授。你阅读本书所学到的不只是理论，还有很多很实用的方法。你将惊叹本书对你分析问题竟可提供巨大的帮助，你将感叹为什么没有人早早告诉你这些，那样的话，你可能已经把它们应用于解决棘手的疑问上了。如果你读完这本书，完成了课后练习，并且实践了这些方法，那么你不仅掌握了一系列有价值的分析工具，而且，会以全新的视角去看问题，更重要的是，你能顺利地解决你面临的那些问题。

目 录

C O N T E N T S

第一章 / **为什么在难题面前总是束手无策**

一、智人——问题解决者 001

二、人类推理能力的脆弱 002

三、糟糕的倾向 006

四、底线 051

第二章 / **有效解决问题的 5 个方面**

一、主要因素，主要问题 053

二、集合与发散 054

三、分析的自信 057

四、健全测试 060

五、小组的分析能力 061

第三章 / **决疑术一：重新表述问题**

一、为什么要重述问题 064

二、问题界定中的不足 070

三、问题表述的方法 071

四、语法的重要性 074

第四章 / **决疑术二：利弊解决法**

利弊解决法的 6 个步骤 078

第五章 / **决疑术三：发散 / 集合思维**

发散思维的 4 条法则 087

第六章 / **决疑术四：因果流程图**

一、因果流程图制作的 5 个步骤 095

二、因果流程图概述 107

第七章 / **决疑术五：决策 / 事件树形图**

一、何为决策 / 事件树形图 109

二、绘制决策 / 事件树形图的 4 个步骤 112

三、你应当使用矩阵或是树形图吗？ 123

第八章　**决疑术六：假设检验**

一、假设和假设 – 检验矩阵 127

二、假设检验法的 8 个步骤 130

三、假设检验法应用实例 142

四、假设检验的 8 个步骤回顾 144

五、一个万能的分析工具 146

六、关于一致证据的鼓励 147

第九章　**决疑术七：可能性树形图**

一、确定可能性 169

二、可能性事件的类型 171

三、相互排斥的可能性 172

四、可能性树形图 175

五、有条件依赖的可能性 178

六、绘制可能性树形图的 6 个步骤 182

七、小　结 186

第十章　**决疑术八：效用树形图**

一、何为效用分析 189

二、效用树形图分析的 8 个步骤 195

三、效用及可能性 217

附　录

第一章

为什么在难题面前总是束手无策

一、智人——问题解决者

从本质上说，人类是问题的解决者。从人类诞生之日起，每一种食人动物都可能在短距离内追上人，而"短距离"正是捕食者所需要的。然而我们人类之所以能存活到今天，并非因为我们人类的物理特性，而是因为我们人类与日俱增的智慧——我们人类无以伦比的脑力使成功总会适时地垂青我们人类。但这并不是因为我们人类大脑的大小或重量使得天平开始向我们倾斜，而是因为我们人类用大脑去解决问题的方式，其中最重要的就是解决我们人类如何生存的问题。人类解决问题的技巧不仅确保了人类的生存，而且最终使人类主宰了这个星球。当今社会，各种层次的自治、法治机构，疾病诊治，公共管理，教育机构，现代设施以及复杂的技术等都实实在在地见证了我们解决问题的卓越能力。

我们大多数人，即便并未以自己分析或解决问题的能力为傲，也是对其非常满意的，并且一般都能做得比较好——至少我们是这样认为的。然而，实际上，我们分析问题时更多的时候是一团糟，只是我们意识不到或不愿意承认罢了。确实，人类在取得惊人成就的道路上总是铺满了失败，许多失败让我们的成就延迟了数十年或者更久。而之所以每前进一大步都会有许多失误，是因为我们觉得用以解决问题的方法中最有效而且最经得起检验的就是"尝试错误"法。每有一项新发明上市，总会有许多其他发明被扔进垃圾场；每一个企业的成功都伴随着许多其他企业的失败；每一笔赚钱的生意必然伴随着一些赔本的买卖。的确，人类的所有事务中，从婚姻到营销再到管理，成功总是建立在失败之上。但问题是，有些失败可以冠冕堂皇地归咎于运气不好，而大多数却是分析错误引起的决策错误所致。

二、人类推理能力的脆弱

虽不愿接受，但事实毕竟是事实。在解决问题时，我们的大脑不一定总是我们最好的朋友。问题出在大脑的运转方式上。

心理学家莫顿·亨特（Morton Hunt）在他的《内在世界》（*Internal world*）一书中说得最好，他的书写的是"人类大脑的无穷奥秘"，他把我们解决问题的方法描述成"智力上的浪费时间"。当然，如果我们统筹分析，不可能会是完全浪费时间。这就是为什么当我们要统筹分析时，潜意识就会出来捣乱——小孩不会开车，同样，没有受过训练的大脑也不知道统筹为何物。

即便如此，凭直觉，统筹分析也是一个不错的主意，那么为什么人们会拒绝使用呢？是他们不理智还是他们有狂想症？都不是。按照托马斯·格罗维奇（Thomas Grovich）教授在他的《我们怎么知道不是这样》（*How do We Know It's not Like This*）一书中所说的，他们都是人类大脑的特定的"理性缺陷"的受害者，这些缺陷是由大脑本能的、潜意识固有的倾向所引起的。

过去的几十年，认知科学已经发现人类正不知不觉地成为天生心理特征的牺牲品，从而与新颖的、客观的、全面的、准确的分析失之交臂。这些特征在我们的意识之外起作用，也就是说，存在于我们的无意识之中。

我们都被"意识"所指引，错误地相信"我"与"无意识"在某种意义上是分离的，认为两者之间的关系是指挥官与下属的关系。而研究数据却并不支持这一模式。看一看下面这段摘自理查德·雷斯塔（Richard Resta）的《大脑也有自己的心理》（*The Brain Has Its Own Psychology*）的文章。

我们在作决定的时候感觉自己无拘无束，随意从不计其数的可选方案中进行挑选。然而最近的研究表明，这种自由的感觉只不过是人类大脑运行方式所产生的虚幻的副产品罢了。

设想一些简单的问题，比如你决定读这本书这样一个简单的问题。你快速浏览标题并随手翻看几句，直到某一刻你在心里决定继续读下去。接下来你便从第一段开始仔细地读。

人们原来以为其内在的次序总是：①有意识地作出继续读的决

定；②这个决定使你的大脑开始运转；③大脑向手发出指令，让手停止翻书，让眼睛盯着整个段落；等等。

但新的研究表明，实际上这个内在过程的次序有很大的不同，在有意识地想行动之前人在其大脑中突然出现了一种无法解释却可以检测到的活动。通过外部设备对大脑电波的检测发现，在你决定行动之前的大约 1/3 秒大脑已经作出了反应。

毫无疑问，无意识控制着我们有意识的思维和行动。与此相关的典型的例子在戴维·卡恩（David Kahn）的《破译者：人类密码史》（*Code Translator*）中作了记述。他在书中说，以二战中密码破译为例，密码破译需要大量的文本以及相当数量的统计数据，要想破译出密码需要耗费大量的脑力。一位德国的密码破译专家回忆说："破译密码时你必须全神贯注，几乎处于一种神经昏迷状态。破译的成功常常不是因为意识的作用，答案似乎是从潜意识里一下子跳出来的。"

所以，我们总会无意地、反复地、习惯地犯一些分析错误。比如，我们通常以先入为主的方式"开始"我们的分析。因此我们总是——

■ 从分析过程的"结尾""开始"进行分析（这正是家庭冷冻食品公司管理人员会议上发生的事情。布隆菲尔德开始讨论的时候已经作出了决定——结论——解决货物积压的方法就是给车队再添置一辆新车）。

■ 分析通常集中在我们直觉上有所偏爱的方案，因此，我们对于其他可选方案没有给予足够的重视（家庭冷冻食品公司解决问题的其他可选方案根本就不会被讨论，因为关于到底购买哪一种货车的争论从一开始就被限于两种选择上，而这时其他的选项根本没有被注意过）。

■ 在直觉上偏爱看起来让人满意的第一个方案。

这并不足为奇。经济学家们称这种现象为"满意解决"（英文叫"satisficing"，是"satisfy"和"suffice"两个词所构成的合成词）。赫伯特·西蒙（Herbert Simon）于 1955 年造了这个新词，指的是管理人员多数情况下会选择那些当时管用的方案而不是那些通过理性分析而得出的方案。

我们经常把对于问题的"讨论 / 思考"与分析弄混了，实际上它们根本就不是一回事。讨论和思考就像是骑健身的自行车一样——力气和汗倒是出了不少，却哪儿也没去成。

■ 就像因为被环境吸引的旅行者迷路了一样，只注重那些实在的东西（证据、论据、结论），而不是分析的过程。我们对分析过程不感兴趣，而且我们并不真的理解分析的过程。

■ 在统筹分析时跟文盲没有本质上的区别（大多数人如此）。当问他们怎么对某一问题进行统筹分析时，多数人对问话人在说什么，甚至连最模糊的概念都没有，"统筹"这个词根本就不在他们的分析词汇中。

表1-1罗列了两种分析方法——直觉式方法和统筹式方法的不同，可能更容易为大家所理解。

按照直觉式方法，大脑对于其他选项是关闭的，而只偏爱第一个让人满意的决定或方案。所以，其结果经常是错误的或者至少不如通过统筹方法而得出的方案有效。

而按照统筹方法，大脑始终处于开放状态，使得人们能够一个一个地、系统地、充分地检验或决定问题的每一个因素，从而确保考虑所有的选项，因此其结果几乎总是比通过直觉式方法得出的方案更加全面、更加有效。

表1-1　直觉式方法和统筹式方法比较

	直觉式方法	统筹式方法
大脑	关闭	开放
方法	满意解决	单独、系统、充分
所有的选项	不考虑	考虑
决定／方案	经常出错、不怎么有效	更加全面、更加有效

那么产生所有这些分析错误的直觉式方法的心理特征是什么呢？

三、糟糕的倾向

这样的心理特征太多了，以致我们不可能在这里一一讨论，因此这里只集中讨论对我们分析和解决问题的能力有最大负面影响的 7 种特征（亨特和格罗维奇的书以及其他认知科学文献中对此有详尽的论述）。

1. 我们的每种思想和每个决定背后都存在着一种情感的力量

也许对我们的思维影响最大的心理特征就是情感。毫无争议，我们都是情感动物。有时，正如丹尼尔·戈尔曼（Daniel Goleman）在他的那部发人深省的著作《情商：它为什么比智商还重要》（*Emotional Intelligence*）中所说，情感之强足以劫持、压倒我们的理性。这当然不是什么新奇的观点。亚历山大大主教 300 年前就曾经写道："理性在情感面前不堪一击。"情感，包括细微的情感，在我们的决策过程中所起的作用虽不能说没有被考虑，包括也确实被大大低估了。这是不应该的。正如南西·吉布斯（Nancy Gibbs）1995 年在给《时代》杂志所写的关于格尔曼的文章中所写的那样，"无论我们是否作出肉体上的反应——强烈的恐惧或是极度的兴奋，情感都会限制我们决策的范围。"

道理很明确，我们作重要决策时应当审视一下自己的情感状态。如果我们的情感处于高能状态，那么推迟决策直到我们能更加理性地思考时将是明智的。当然，当情感强烈而决策又不能拖延时，为避免判断严重失误，我们必须考虑一下统筹，要知道在这个时候，哪怕是简单的统筹分析，都可能很有价值。

2. 我们无意识的心理快捷方式影响我们有意识的思维

我们常常认为，通过有意识地关注某个问题，我们能够控制我们的心理官能，并能完全明白我们大脑灰质里发生的一切。不幸的是，事实根本就不是这么回事。我们大脑中所发生的多数活动都涉及"心理快捷方式"，但我们对此却一无所知，而且它也超出了我们的意识控制。这些子程序——相当于计算机的"子程序"——在我们清醒时每一秒都在飞速运转，当然，任何人都知道，我们睡着的时候它们也在照常运转。但直到我们在一个无意识的行动中开始思考需要什么样的冗长而详细的心理程序为止，我们通常根本意识不到它们的存在，比如用手去抓别人开玩笑时掷向我们的灯泡。"注意，抓住！"掷的人说。我们还来不及想就自然而然地伸手把灯泡接住了。心理学家把这叫作条件反射行为。它也是一种心理快捷方式——一种子程序。

设想一下，为了用手指轻轻地抓住向下是弧形运动的灯泡，大脑向控制手、腿、指头的肌肉发出指令，使它们放到预定位置，这中间要经过冗长而精细的感知、联想、认知、协调程序。在短短的不到1秒的时间里，大脑发出了所有这一系列复杂的运动指令。更为重要的是，所有这些指令都是按照正确的顺序，不可能事先预知，意识也不可能参与。大脑从记忆里搜寻用我们惯用的手去抓东西的指令，这些指令因为一生当中反复的练习已经相当熟稔。很明显，在给肌肉发出指令之前，大脑并没有在整个过程中的任何一个环节上作什么决定。如果真要是那样的话，整个程序完成之前，灯泡早就掉在地上摔碎了。相反，大脑是从记忆中去获取并运用现成的程序的。

同样的程序也发生在我们分析问题的过程中。我们大脑里相互交织、错综复杂的神经网络对大脑所感知到的所有的东西，无论是图像、声音还是信息，都会同时作出反应。正如劳伦斯·薛博格（Lawrence Schreberg）在《健忘的记忆》（*Forgotten Memory*）一书中所说的那样："名称敲响了铃。而一旦铃声响起，其他的铃也跟着一同响起。这就是大脑的神奇之处。没有哪一个铃是单独响的。"每一个感知都会引发隐藏的反应，这些沉寂的铃音悄无声息地影响着我们的思维。比如，当我们听到有人说他或她正在节食时，我们的脑海中会立刻模式化地出现我们所熟悉的节食者的形象。这种模式化是大脑无意识的反应。我们并不是有意识地决定这种模式，是大脑在我们没有要求的情况下自动完成了这种模式。这是一种大脑通过神经网络而作出的联想——一种心理快捷方式，这种联想影响我们对那个人的认知。

心理快捷方式会通过多种途径表现出来，这些途径我们都很熟悉：个人的偏爱、偏见、草率得出的结论、预感、直觉等。举例如下。

与你的配偶，或者陪伴你的一个好朋友，一起讨论去哪儿。你想了一下（子程序在运转），决定到美国佛蒙特州去徒步旅行。你的配偶或是朋友则提出另一个方案，但他们的方案无论如何你都不喜欢（运转，运转）。你越是思考你自己的主意（运转，运转），你就越觉得自己的主意好，而且越想越有理由（运转，运转）。几分钟后，你们开始激烈地争论。

你的下属在办公室里向你简略地汇报了一个问题。你立刻认识到了（运转，运转）这是个什么样的问题，问题的根源是什么（运转，运转），所以你自信地告诉你的下属他应当采取什么样的正确行动。但10天以后，原来以为正确的行动却并不正确，问题更加严重了。你的下属误信了你的判断，为此你很是沮丧。

由于这些快捷方式是无意识的，所以我们没有注意到，也没有有意识地对它们进行制约。我们完全听从它们的摆布，好坏都由它们做主。不过通常情况下，这种"摆布"的结果还不错。比如，要是我说"枪支管制"，你不费劲就能理解这句话的大致意思，你的脑海中会马上变戏法似的充满了各种有关这一争议的影像、思想、感情。当然，并不是你决定要这么想或是这么感觉这些东西，而是你的无意识产生了心理快捷方式所致——该快捷方式迅速在你的脑海中闪过，产生成千上万甚或数百万计的无意识的联想，恢复或是重聚记忆和感情，并把这些传递给你的意识。

这些快捷方式是我们称作"直觉"的重要组成部分，直觉是我们对于无意识的一种委婉的称谓。人类喜欢、相信直觉是可以理解的，因为正是直觉，作为一种机制引领我们进化成了这个星球上主宰一切的、最聪明的物种。如果不是经常有直觉，我们人类可能早在很久以前就灭绝了。阿尔伯特·爱因斯坦（Albert Einstein）说过："真正有价值的东西就是直觉。"笔者是在菲利普·谷尔博格（Philippe Gulberg）的《直觉的边缘：理解并开发直觉》（*The Edge of Intuition: Understanding and Developing Intuition*）一书中发现这句话的。谷尔博格认为，直觉可以被看成是大脑的自我呈现、诠释发生在意识之外的其他过程的结果。但是他又提醒说，直觉不能被预定、指挥、请求或者设计，我们只要随时迎接它的发生就行了。

如果有人问你："谁是美国的第 22 任总统？"你会把一根手指放到嘴上，然后闭上眼睛。"让我想一下。"你说。想一下？你不是在想，而是在等待！就像电话接线员让你拿着话筒等着一样，不同的是这时你要等的是你的无意识来接电话，也就是说，你是等待处于你记忆深处的快捷方式。终于，它来了，你的记忆中有格罗弗·克里弗兰（Grover Cleveland）的名字、面孔，你的大脑中到处都是像认知和神经学家们所说的一点点、一块块的东西。如果你的无意识没有产生那些联想，你就不会记起谁是第 22 任总统了。事情就是如此简单又如此复杂。

心理快捷方式就是能使人们对自己的职业很精通的东西。告诉一个刚刚走出学校大门的实习医生一系列的症状，然后让他作出诊断并建议如何治疗，再把同样的症状告诉一名在这一领域里拥有 20 年从医经验的医生。实习医生要花一刻钟的时间作出诊断和治疗，而有经验的医生则只需要 15 秒。之所以会有这样的差别，是因为医生的大脑产生的心理快捷方式建立在长期的经验积累之上，而实习医生的大脑却不可能产生这样的快捷方式，虽然将来他一定会。

我们不能"教"我们的大脑如何做，因为大脑只会按照自己的方式运作，像产生快捷方式就是它其中的一种方式。这些快捷方式超出了我们意识控制的范围，我们不可能阻止大脑产生快捷方式，正如我们不能阻止我们的胃消化我们吃的食物一样。任何人都不知道这些快捷方式会把我们的思维引向何处。

3. 我们不得不把我们周围的世界看成是多种类型的

人类的大脑会本能地把世界看成是各种式样的，这是大脑根据过去的经验而自动作出的分类。下面以我们看见了一张脸（一种类型）为例来说明这个问题。我们看见了一张脸，于是我们的大脑开始在记忆（铃响了）中搜寻，它找到了一张与之相配的面孔（类型），并把与这个面孔相关的名字和其他信息一起传送给了我们的意识。看起来很自然对不对？但这并非一个有意识的过程——名字等等只是突然出现在我们的脑子里的，是无意识在没有被邀请的情况下把这些都替我们做了。

我们会本能地把各种情形归到某个类型。比如说由于停电灯灭了，我们并不会感到慌张或害怕。我们点亮一支蜡烛或是打开手电筒等待电力公司恢复送电。我们怎么知道会恢复送电呢？因为这样的情况以前也出现过，我们知道这种类型。再比如，我们正在看一场足球比赛，忽然裁判打了个手势。我们知道这个手势是什么意思——我们以前也看过。

我们还会把一系列事件也自然而然地归为某个类型。比如，我们知道什么时候把邮件放进邮箱里，因为邮递员每天都会在同一时间来取信；我们遇到交通堵塞时，看见一辆警车和救护车超到我们的前面，警笛长鸣，就会知道是交通事故把前面的路堵上了。因为这些都是我们所熟悉的"某一类型"。再比如，我们下班回家时，配偶既不笑脸相迎也不吻自己，于是我们肯定配偶遇到了什么不快的事情。由此可见，我们的大脑是一个彻底优化的各种类型识别系统，我们只需要知道某一类型的一小部分就能从记忆中获取整个类型，而这种获取是无意识的。

尽管这种惊人的能力对有效决策十分有益，但我们喜欢把事情看成各种类型的冲动也可能在我们分析问题时很容易误导我们。产生这一结果的原因如下。

首先，类型很诱人。比如，看看下面的数字顺序：40，50，60。你能感觉到你的大脑在促使你认为下个数是 70 吗？如果大脑是完全客观的，它对下一个数是什么就不会有任何偏好。但是，大脑并非客观的，它看到一种类型，就会受这种类型的控制，并且在被控制之后会不想再考虑其他选项（即便我们可以迫使大脑考虑其他数字，70 仍然会是大脑所偏爱的选择）。

其次，也是更不幸的，大脑还会轻易把随机事件曲解成非随机的，并会感知一个实际上并不存在的类型。你在图 1-1 中看到了什么？一个不规则的六变形？一个圆？实际上，它只不过是 6 个没有联系的、随机排列的点而已，但这却不是我们的大脑所看见的。大脑把这些点看成是与类型相关的一个整体的要素。大脑本能地、强制性地把各点之间的空间填充起来，并把最终的图形烙印在我们的意识里——大脑情不自禁。而这，就是大脑的运作方式。

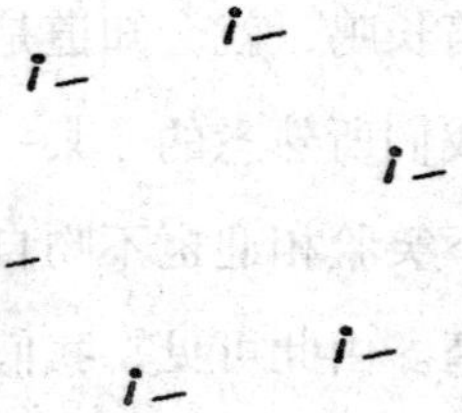

图 1-1　随机排列的点

　　1994 年 1 月，美国全国花样滑冰锦标赛之前，南茜·凯瑞根（Nancy Kerrigan）被打。对于这件事，人们的最初反应是一个典型的例子，很能说明是什么错误归类，几家报纸的专栏作家草率地把这一事件当成是职业运动员受到疯狂运动迷们暴力攻击的危险增加的证据。然而不久之后，真相大白，打人者既不疯狂也不是运动迷，只是凯瑞根主要竞争对手的前夫雇佣的一名打手。专栏作家草率地得出了错误的结论，他们把类型弄错了。

　　再次，比上一条的"不幸"还要糟糕的是，当我们想要看或是希望看到某一特定类型时，或者是已经习惯于归类时，我们不仅会填充缺失的信息，而且还会臆想出不适合我们所真正想要的或是熟悉的类型的特征来。比如：

　　在听说与我们共事多年的一位值得信赖的同事被指控犯有骚扰儿童罪时，我们不会相信，也不愿相信，并且会认为肯定是弄错了。

　　再比如，历史学家华特·罗德（Walter Rhode）在一本有关日本偷袭珍珠港的历史书《美国国耻日》（*America's National Day*）中引用过一个很好的例子。

所有瓦胡岛上的人都不相信他们看到的是敌人的轰炸：来历不明的飞机、投下的炸弹、升起的浓烟。他们认为肯定是美军在胡闹，要么是这样，要么是那样……唯一不可能的就是让人难以置信的事实。

除了会臆想出上述糟糕的类型之外，人类大脑还很容易把类型弄错，这也是我们有笑话可听的原因之一。例如下面这个故事。

一个人走在大街上，当走到一户人家时看见一个小孩正试图去按门铃，但小家伙无论如何也够不着门铃。于是这个人就喊了一嗓子："我来帮你够吧。"然后他快步走上台阶按响了门铃。"谢谢，先生，"小孩说，"我们赶快跑吧。"

这个故事的可笑之处在于我们的大脑很快想到的是一位好心人帮助一名可爱的小孩的影像———一种类型，这时我们突然发现我们被愚弄了。这是个恶作剧，是我们把类型弄错了。

上述例子涉及了一个概念——模式化。"模式化"是一种分类方式——观察两件事或两种东西之间的表面上的相似之处，然后以此为依据，无意识地把另一件事的附加特性归到其中的一件事上。模式化对我们的日常生活作出了诠释，它是大脑的主要工作机制。

模式化控制着民族、道德以及其他各个方面的固执的偏见。比如，我特别不喜欢我们城市里的一家法律公司，于是我遇人就会问他或她在哪儿工作。如果那个人说他或她在那家公司里工作，在 1‰ 秒的时间里，在我还没有来得及进行理性思考之前，我对这家法律公司的偏见就会控制我的理智，让我对这个人的印象也随之不好。看到了吗？如果我想客观地看待这个人，我就必须纠正我的偏见，必须同我的大脑作斗争。因此正如我所说的，大脑并不总是我们最好的朋友。

美国广播公司电视台的黄金直播节目进行了一次有趣的试验，目的是要证明模式化的隐含力量。试验的结果在 1994 年 6 月 9 日的节目中公布。结果显示，许多公司在招聘员工的时候存在着明显的年龄歧视。试验中，被测者（一名男演员）扮演两个不同的角色：一个 20 岁，另一个则被打扮成 50 岁。在许多次面试中，尽管年龄大的人拥有更多的相关工作经验，但总是年轻人被雇用，而年龄大的却一份工作也找不到。即便有两名面试人员被告知应聘者是由一个人装扮的，他们仍然坚持雇用年轻的，并且声称他们没有受到年龄偏见的影响。然而，隐蔽的面试录像显示，面试人员毫无疑问地立刻对年长者失去了兴趣。

美国广播公司的节目展示了大脑对于类型的本能反应的两个强大的特点：分类是实时的，而大脑的主人对此却毫无察觉。两名面试人员否认他们有偏见，这一点本身就说明人们不想承认大脑中客观存在的东西，因为这些东西我们没有意识到也无法控制。我们喜欢认为我们控制着我们的大脑，但美国广播公司的试验清楚地表明事实并非如此。

另一种模式是人的大脑喜欢寻找一种因果关系。根据这一趋势，莫顿·亨特在《内在世界》一书中说，事与事之间经常存在的因果关系已经融入我们的日常思维中，以致我们想当然地认为没什么大不了的。我们似乎把整个世界都看成了具有因果关系的，并莫名其妙地凭直觉就知道两个概念之间的不同。这一点在上述试验中明白无误地得到了验证，甚至连孩子也不能被排除在外。因此，我们天生就努力想知道为什么某件事已经发生、正在发生或将要发生，也想知道结果是什么。斯蒂芬·谷德（Stephen Jay Gould）谈到模式时说："人类是模式化的动物。我们总是想找到所有事情的原因和意义……所有的事情都必须恰当、有目的性，而最重要的是一定要有一个好的结果。"

这种冲动，尽管在我们与外界交往的时候对我们有明显的良性帮助，却也可能在我们分析问题时欺骗我们，因为我们在因果关系根本不存在的情况下也常常会感知到这种关系的存在。

一位男士早上醒来时发现自己的大水床中间有一汪水，显然，床垫中间有个洞——他认为。为了把这个洞补上，他把垫子滚到室外然后装满了水，以便更容易确定破洞的位置。可是，在他家那有坡度的草坪上，巨大的垫子装满水后根本就无法控制，垫子滑了下去，并撞上了一簇荆棘，于是橡皮垫子上又被戳出了很多洞。他很窝火，把垫子及床框都拆了下来，然后重新把床弄进了屋里。结果，第二天早上醒来的时候，他发现昨天刚修好的床垫中间又有一汪水。直到这时，他才明白原来是楼上卫生间的水管漏水，是自己把因果关系弄错了。而在日常生活中，这类事情经常发生。

正是这种对于因果关系的错误感知使得魔术师能够捉弄我们——更准确地说是，捉弄我们的大脑——捉弄得如此容易，让我们充满幻觉。笔者曾经对看魔术表演的观众的反应很感兴趣。观众很高兴也很惊奇，他们显然几乎没有意识到自己当时所看到的幻觉与在日常生活中所看到的没什么区别，只是他们平时没有注意罢了。我们每个人都会对每天我们所感知到的所有类型感到吃惊，因为这些类型似乎并不是总以它们应有的方式出现。正是这种错误的感知，使得艺术骗子们能够从人们手中诈取很多钱，因为他们有理由相信，观众是不会回过头来想自己是如何成为被人愚弄的受害者的。

再举一个例子。某家超市的零售额因为一场大雪而下降，一位销售经理曾经注意到了这种类型，当时他想，当天气变晴之后，销售额就会反弹。也许到那时，销售额真的会反弹，但他至少应该考虑一下其他可能的解释，以防自己误解两者之间存在的因果关系。他会考虑其他可能的选项吗？答案是"很可能不会"，因为他的无意识已被天气与销量下降之间所存在的假定的因果关系左右了。

4. 我们本能地信赖并很容易产生偏见和假设

偏见是一种无意识的信念，这种信念制约、控制并推动我们的行为。它并不是一个新概念。18 世纪哲学家伊曼努尔·康德（Immanuel Kant）认为大脑并不是被用来为我们提供未经解读的关于世界的知识的，相反，它总是带有一种偏见，总是引领我们从一个特殊的视角去看世界。

我们所做的几乎每一件事都受到偏见的驱动，比如走进一间黑屋子时，我们会本能地用手去摸墙上灯的开关。促使我们做出这一举动的就是无意识的信念（偏见），这种信念认为一按开关屋子就会亮起来，因为我们先前曾有过"一按开关灯就亮"的这种因果类型的经验，所以我们知道要这么做。但无论什么时候，当一按开关而灯不亮时，我们根深蒂固的偏见就凸显出来了——我们会感到很奇怪，因为我们的经验已经失去了作用。直到这时，我们才突然间意识到这种偏见的存在。同样，当我们打开水龙头而不出水的时候，我们也会作出同样的反应——我们一直假定是正确的事情（一种因果关系类型），结果却不是那么回事。但是，在我们的经验告诉我们这样做不会有任何作用之前，我们会一直试图到墙上去摸开关的，直到我们形成一个新的偏见：灯泡烧毁了，所以打开开关灯也不亮。这样，接下来，我们又会根据这种偏见行事，直到我们知道有人把灯泡换了，我们才会改变这种认知，回到原先的那个偏见。

偏见的快捷方式机制就像是其他心理特征一样是本能的，而且是不受我们控制的。偏见的产生并不是一个有意识的心理过程，我们在这个过程中一点儿作用也不起。大脑在我们不知道或者没有有意识地输入时就帮我们把这件事做了。因此，无论我们想要还是不要想，我们的偏见都根深蒂固地存在，并且影响着我们所有的思维和行动。

尽管偏见习惯上被看成是一个贬义词，但其实一般情况下它的存在是件好事。正如我们人类的其他心理特征一样，如果没有了偏见，我们将一事无成。正是因为有了偏见，我们才能不断重复我们曾经做过的行为，而不必要再经历第一次完成这种行为时所要经过的所有的心理步骤。从这个意义上说，偏见可谓一种预设的方案。因此，我喜欢（偏见）以某种方式开一个高尔夫俱乐部，因为我以前就用这种方式开过高尔夫俱乐部；我喜欢每天都像以前一样刮胡子；我喜欢还像昨天一样泡咖啡……

在很大程度上，我们心中的相互影响、相互促进的偏见和假设是高度精确的，并随着我们年龄的增长而变得愈加根深蒂固。这种现象通过下述这样的事实而得到了证明：尽管年轻的司机动作迅速、反应敏捷，但老司机比新司机发生交通事故的概率却要小。因为老司机经历过更多的险情（类型），知道在哪些（因果关系）情形下采取哪些行动会发生什么情况，所以他们在心中形成了如何进行自我保护的偏见，从而避免了交通事故的发生。简单地说，我们的偏见经常让我们得出正确的结论并作出正确的反应，而且这一过程出奇地快。这些偏见就是让我们人类变得聪明的东西。如果没有这些，我们就不会聪明。

尽管偏见让我们能够产生心理快捷方式，从而以极快的速度处理新信息，但这一过程的快速加上它的无意识性——也就是无法控制性——会导致一个不幸的结果：我们以真理为代价换来的却是我们的偏见的加深。这里面的原因就是我们都习惯于重视那些与我们的偏见一致的新信息，从而进一步加深这些偏见，而忽略甚至排斥那些与我们的偏见不一致的新信息（关于这一原因，我们将在下面的第6点里加以解释）。因此，偏见就像是致命病毒一样，是客观真理的无形杀手。

隐匿的偏见是分析过程的主要推动者。只要我们有问题要解决，它们就会自然而然地跳将出来。它们就像是计算机芯片一样内嵌在我们的大脑中，随时准备在问题出现时执行它们的诡秘行动。用"诡秘"这个词并不是要说我们所有的偏见都是有害和不良的，之前说过，它们让我们在世界上能够行动得更加有效。但是，就像那些其他的人类心理特征一样，偏见也可能误导我们。因为智者的特点并非是区别，更不是评估甚或挑战（请上帝原谅笔者这么说）人们对于问题背后隐匿的偏见，而是我们在不知不觉间成了这些偏见的奴隶。更重要的是，由于多数偏见是隐蔽在我们的意识之中的，所以我们并没有意识到它们的存在，也没有意识到它们对于我们的分析、结论以及建议的影响（无论是好的还是不好的）。

对于雄性精子的普遍认识有力地说明了偏见的负效应。几十年来，生物学家们习惯把精子描绘成忠诚的斗士，它们一路过关斩将，最终到达静态而被动的卵子，而卵子除了等待与强壮的胜利者的最后结合以外什么也做不了。但是，正如戴维·弗里德曼（David D. Friedman）在 1992 年 6 月那一期的《发现》（*Discover*）杂志中所说的，这是一个彻头彻尾的谎言。实际上，精子一直在力图摆脱卵子，却被卵子束缚在那里，直到它把其中一个精子吸纳进去为止。然而，一般的文献和教科书，甚至是医学刊物都充斥着关于精子斗士和无助少女卵子的描述。

生物学家们在他们早期生涯中所形成的关于男性精子的偏见影响了他们的观察。

约翰斯·霍普金斯大学一个研究小组发现，精子是逃跑高手，而卵子是化学特性活跃的精子捕猎者。但即便如此，在此后的 3 年里他们仍然把精子描述成积极地"钻进"卵子的这样一个角色。

威斯康星大学的研究人员把精子与卵子的初次相遇描述成精子把蛋白细胞拧成一根细丝，这根细丝一直延伸到它能够得着卵子为止。但是他们并没有把这一过程描述成无伤大雅的相互结合和依附的关系，而是这样描述的：精子伸出的细丝"射了出去，并刺中"卵子。

洛西学院一名细胞生物研究人员曾这样描述他的发现：老鼠的卵子在外表有一个细胞结构，这个结构内部有一个与精子互补的结构，从而促使两者结合。他把这两种结构很自然地描述成锁和钥匙，但他把卵子的这个凸出的结构叫作锁，而把精子的吞食结构称为钥匙。

只有当真理让我们对自满开始怀疑、让我们认识到我们的推理出了问题时，我们才会开始重新区分和思考我们心中的偏见——也许"并非"所有的南部白人都是种族主义者，也许"并非"所有的意大利人都是黑手党成员，也许电视上的暴力确实会对我们的社会产生不良影响，等等。

偏见的问题在于它们给我们的思维强加了一些人为的制约和限制，但可怕的是我们甚至没有意识到我们的思维受到了制约。我们每天解决问题时还认为自己的思想是自由的，而实际上我们的思维就像埃及的木乃伊被绷带束缚了一样，早就被我们的偏见紧紧地束缚住了。

一位商店女经理发现钱盒子里的钱丢了，但她排除了出纳员格林偷钱的可能，而且认为如果是他偷了钱的话，那他也是无意中犯下的错误。她立即得出结论（这个结论在她还没有来得及理性地想一想之前就冒了出来）："当然不是他偷的钱。他一直都很诚实。"接下来，其他的心理特征控制了她的大脑，并完成了无意识的快捷方式开始完成的东西。在排除了他是窃贼的可能之后，她开始为自己的结论辩护，因为其他人与这个出纳员不熟悉，因而对事情总是抱着怀疑的态度，他们需要足够的证据来证明出纳像她所说的那样与丢钱无关。她对他们的疑虑置之不理，批驳他们的论点，更加相信她自己对他的品格的判断。这种评估当然是建立在这样的一种假定（偏见）之上：该出纳员诚实守信，如果他也不诚实，那她的整个推理过程将像扑克垒成的房子一样被风一吹就轰然倒塌。

另一个令人头痛的现象与亚历山大大大主教的"一知半解是危险的"这句经典名言有关。这种现象就是我们对一门课知道得越多，我们的偏见就越会影响我们对于它的理解，这种影响可能有益，也可能有害。你完全可以想象得到，这种现象会对分析问题产生严重的危害。正是这种现象在你学习统筹分析的时候又一次影响了你——你对这门课懂得越多，你认为自己对它的认识就越清晰。笔者建议这里用"更加清晰"这个词，因为你的偏见正在努力影响你的认识，而且没有人知道它们会对你理解这本书产生什么样的重大影响。

把下面这 7 种情形的死亡概率按照从最危险到最不危险的顺序排列一下。

死亡的危险

将要临产的妇女

任何一个 35 ～ 45 岁的人

学校里的石棉

任何人

闪电

值班的警察

飞机失事

表 1-2 告诉了我们死亡危险的真实顺序。

表 1-2 死亡的危险

情形	死亡概率
任何人	1/118
任何一个 35 ~ 45 岁的人	1/437
值班的警察	1/4500
将要临产的妇女	1/9100
飞机失事	1/167000
闪电	1/2000000
学校里的石棉	1/11000000

你排列的顺序准确度如何？你是不是过度高估了其中一种情形的危险？如果是那样的话，可能是因为与偏见相关的另一个因素阻止了你客观分析问题的能力。这种因素叫作形象效应。信息很形象，因为这种信息要么让人震惊，要么是最近才发生的，所以在我们的记忆中留下了深刻的印象。形象的信息之所以比枯燥抽象的信息更容易被记住，正是因为它们对我们的思维影响更大，而这种影响可以远远超过信息本身应该产生的影响。

举个例子。一幢房子被烧毁了，权威部门怀疑是由一个小孩玩火柴引起的。如果你还是个孩子，并且有过玩火柴时点燃了自家房子的经历，那么你就会因为有切身体会而觉得这种孩子点火柴的情景非常形象，并因此比没有这种经历的人更容易相信权威部门的判断。但这时，你的客观性已经很自然地受到了"偏见"的影响。

形象效应并不是我们想要的东西，它是人类大脑天生的一种特性——一揽子交易。它伴随着我们大脑的程序设计而来，是大脑运作的方式之一。

（1）模拟大脑

偏见这么容易误导我们是因为大脑没有精力对它接收到的每一条新信息都进行验证。如果验证了的话，我们的心理过程就会停止，而大脑——甚至我们——都无法运作。相反，大脑通过模式化而产生快捷方式：把新信息同旧信息一样对待，得出同样的结论，产生相同的情感，采取相同的行动。因此，大脑并不按逻辑运行，而只按模拟逻辑运行。

在《内在的世界》一书中，有一部分的标题叫"世界上唯一的逻辑动物在逻辑上不及格"，作者莫顿·亨特在其中这样写道：

大多数人在基础逻辑学中都不及格……我们不光在逻辑思维上经常表现得没有能力，而且我们任性、熟练地不按逻辑行事。在经过演绎之后得出我们不喜欢的结论时，我们就会用诡辩方式说这个结论与我们毫不相关，并且对此不但不感到可耻，还感到很骄傲。

（这让笔者想起了美国广播公司所进行的试验里那两名面试人员坚决否认他们有年龄歧视一事。）

杰里米·坎贝尔（Jeremy Campbell），一名接受过牛津大学教育的《伦敦导报》（*London Guide*）驻华盛顿的记者，在他的关于人脑的书《不可能的机器》（*The Impossible Machine*）中表达了同莫顿·亨特相同的观点。

认知心理学研究的结果清楚地表明，我们只在表面意义上按逻辑行事，而在更深层面上，我们完全不符合逻辑、充满偏见……让很聪明的人运用基本的逻辑去解决一个简单的问题时，他们很可能会表现得像个傻瓜……如果我们想了解大脑，从逻辑开始肯定是不正确的，因为大脑中并不天生具有逻辑能力。

我们大多数人天生就不是按逻辑行事的，关于这一点，最好的例子就是人们总在开奖前几天一拥而上去买彩票。尽管他们知道中奖的概率就像同一天夜里躺在床上两次被闪电击中的概率一样小，但他们还是在为自己不符合逻辑的行为寻找各种各样的愚蠢的理由，诸如"总有人会中奖，为什么就不可能是我呢""我同其他人一样有机会中奖"。

莫顿·亨特说："尽管我们用模拟方法解决问题具有不确定性，但似乎数千年来这种方法已经成功地深植于我们的大脑，并且与我们与外界接触所获得的同类方法相比，这样做我们很少犯错。"那些重视逻辑思维的人可能看不起人的模拟推理，但是，如亨特所发现的那样，如果没有模拟推理，人类可能无法生存。

还记得笔者举的那个进入黑屋子的例子吧——我们不必按部就班地经过逻辑思考来决定伸手按电灯开关，而只需要把这种情况与我们遇到过的其他情况相比，让大脑找到配套的模式，并从记忆中获取曾经采取了什么行动，而大脑则因此跳到（产生快捷方式）一个原本很复杂的逻辑顺序并引导我们打开开关。这就是我们解读并处理我们的外围世界的主要方法：我们根据过去的经历去理解新经历并根据它们之间的相似性得出结论。

在所有无意识而得出结论的行为中，我们最为习惯的一种就是识别什么时候"不符合逻辑"。比如，如果有人问："长颈鹿能飞多高？"我们的大脑会立刻告诉我们这个问题"不合逻辑"。我们根本不需要想就能立刻"明白"。然而我们是"怎么"知道的呢？一个受过教育的人会这样猜想：大脑把有关长颈鹿的新信息与脑中存储的有关这种动物的旧信息进行比较并得结论——新信息与旧信息不光不符，而且激烈矛盾。于是大脑告诉我们，信息不符，也就是说信息不合常理。这是来自逻辑与理性思维的遥远呐喊，它与形式逻辑肯定相差万里，因为形式逻辑将会按照下面的三段论的方式处理这个问题。

长颈鹿是动物。
只有长翅膀的动物才能飞。

长颈鹿没长翅膀，所以不能飞。

毫无疑问，人的大脑不是按照三段论的方式思考的。我们都明白这个道理，因为我们知道怎么思考。但每一个不幸学过形式逻辑的人都认同这一观点：以三段论的方式思考，就如同长三条腿的鸡穿上战靴走路一样，不自然。的确，按照三段论的逻辑思考很别扭、很困难，也很让人沮丧，而且即便是我们这个物种中最聪明的，对此也会感到很费劲。

符合逻辑的是，如果早期人类长了一个硕大的脑袋，而且有巨大的智力潜能，我们这个物种的一些成员可能已经尝试着用逻辑思维了。我可以把奥古斯特·罗丹（August Rodin）的雕塑思想者想象成一个原始人赤身裸体蹲在山洞外面的石头上，低着头，手托着下巴，正在用三段论解释存在的自然属性。如果逻辑思维曾经被早期人类如此严肃地戏弄过，它很快就会作为人类进化特点之一而消亡了，因为它不仅没有任何好处，还会极度有害。

设想一下两个原始人，甲和乙，一同穿越远古的热带大草原。夜幕将临，太阳紧贴着地平线，微风使干燥的空气冷却下来。突然，两个人看见高高的草丛里有一个黑影正向他们靠近。原始人甲停下来用逻辑思考黑影可能是什么——瞪羚？水牛？猩猩？也许是野猪？也许是头狮子？与此同时，原始人乙却已逃到一棵大树上或是洞里躲了起来。显然，如果甲所代表的是早期人类，他们只会进行逻辑思考以决定下一步该做什么，那么他们必然会像信奉达尔文主义的现代人所说的那样"被淘汰"；而如果乙所代表的是早期人类，由于他们运用的是认知学家所说的"可行推理"，所以他们有充分的理由存活到第二天。这样时间一长，在地球上繁衍生息的必然是乙型人，并且只会是乙型人。

那么，什么叫"可行推理"呢？"可行"是指"乍一看似乎正确"，而"可行推理"也叫作"自然推理"，指的是我们快速得出结论的方法——根据当时所处的情形与过去碰到的情形之间的相似性，我们认为这种方法可能是正确的。这种思维也叫仿真思维——模式化，即我们根据两者之间的相似性推断两种情形可能相同。以上段的例子为例，原始人乙发现草丛中的黑影时想起了早先一次的情形，那次的黑影是一头狮子，因此乙作出了判断：在当时的情形下，它最好离开那里。

莫顿·亨特说过："自然'可行'推理即便是在它违背逻辑规律的时候也常成功。"那么自然推理遵循什么规律呢？他举出两种：可行性与可能性。"与逻辑推理不同的是，"亨特说，"自然推理按照可信（可行）的而非严肃的步骤进行，容易（可能）得出结论却不一定正确。"

可行推理之所以结论不一定正确却经常成功，是因为逻辑要想有效，就必须与客观完全一致并且完全确定。正是因为这个原因，逻辑思维与只有死亡才具确定性（除了税收与电视商务）的客观世界打交道时，结果常常是失败的。而可行推理则既不要求一致也不要求确定（因为如果我们不得不完全一致而且确定的话，我们将几乎不可能思考），因此它正如亨特所发现的，我们的大部分该种思维尽管不完美，却常起作用。

也正是因此，当早期人类面临潜在的威胁时，可行推理用不确定性换来了他们生存的确定性，如果草丛中移动的黑影有1%的机会是食肉动物的话，那么站在原地不动，想看看黑影究竟是什么的人将会被吃掉，尽管这种概率极小，但是如果只要有黑影在草丛里移动人就逃走的话，那么人就会有100%的存活概率。看来，我们并不需要在形式逻辑方面取得研究生学位才知道什么样的行动会有助于生存，因为可行推理能够确保生存，而逻辑推理却不能或者说不一定能。逻辑推理者受到了惩罚（随着时间的推移被淘汰），而可行推理者则受到了奖励（随着时间的推移而繁衍生息）。因此，我们可以自信地得出结论，用逻辑思考（逻辑思维）不仅不是我们作为一个物种生存的前提，而且还是一个负担。

（2）思维定式

一切偏见的根源都是"思维定式"。随着时间的推移，由于对于某一主题的了解越来越多，我们每一个人都对这一主题有了一个全面的、综合的认识。我们把这一认识称为一种思维定式，指的是把我们积累的知识过滤成单独的、连贯的镜片，然后我们通过它们看世界。因此，一种思维定式就是我们对某一主题的所有偏见的总结和加强。

由此可见，一种思维定式（通常出于好意）对我们如何解读新信息会产生巨大的影响，同时还会把新信息置于一个经过检验的、现成的情境之下。例如，当我们得知有近亲去世的时候，我们的脑海中会立刻出现与这位亲属相关的不同的感情。我们并不是首先系统地回忆和反省与这名亲属的所有交往、评估我们对每个人的反应，然后再决定为这个人的死亡而伤感。我们的感情是瞬间产生的，而不是在之前事先想好的。这就是思维定式的力量。

当从广播体育节目中听到我们最钟爱的球队赢得了某一场比赛时，是我们对那支球队的思维定式让我们高兴不已。而我们对于其他球队的比赛结果的态度则并不确定，因为我们对于那些球队并没有形成一种思维定式。我们看小说的时候，某一特定人物的性格会随着我们读书的深入而不断变化，因为作者不断地向我们提供有关这一人物的生平、欲望、恐惧等。某个时刻，我们对于这些细节的全神贯注和理解会强化为某种思维定式。如果小说的主人公被杀了，这种思维定式正是他或她希望我们形成的。我们把该人物想象成或好或坏、或幸福或悲伤、或野心勃勃或安于现状的人，把该人物的思想、观点及行为置于这种现成的思维定式里面去解读。

思维定式让我们能够快速地理解我们周围发生的事情并作出有效的反应。我们对朋友、亲戚、邻居、国家、宗教、电视节目、作者、政党、企业、律师事务所、政府部门等一切东西都会形成思维定式。这些思维定式让我们能把事情和信息立刻放到某个情形中去而不必要从记忆中重新构建曾经发生的相关事情。如果身边有人问你"你如何看待卫生改革的失败？"，你会马上明白他指的是什么事情。他不必对问题进行解释，因为思维定式使你们能够马上了解复杂的问题，让你们能够对事情作出及时、连贯而且精确的判断。而如果没有思维定式，回答这些既复杂又模糊的问题人们即使不是无从下手也将感觉难以驾驭。

作为不计其数的偏见和理念的集合，一种思维定式就代表着一个巨大的大脑快捷方式，使得大脑中其他一切有益于思维和决策的活动都受到阻碍。一种思维定式对我们思维的影响可以通过许多超越简单偏见的指令而得到体现，比如我早上起来刮胡子。正因如此，思维定式是强有力的机制，应当受到重视，因为它们能轻易地影响我们人类实施有效的行为。同时，它也应当引起我们的警惕，因为它们有着非凡的潜能让我们曲解现实。

比如，1994 年，当时作为美国美式橄榄球运动员的辛普森（O. J. Simpson）因谋杀他的前妻和前妻的朋友而受到指控，法庭在对他进行审判之前举行了一次听证会。让我们来看一看报纸专栏作家威廉·拉斯贝利（William Lasbury）在谈到这次听证会时所说的话吧。

60% 的美国黑人相信在这次谋杀指控中辛普森是无辜的，而

68%的美国白人则认为他有罪。看同样的电视转播，读同样的报纸，听同样的证词，这两组人为什么会得出截然相反的结论呢？

答案当然是——思维定式。

多娜·布利（Donna Bully），《华盛顿邮报》（*The Washington Post*）专栏作家，在谈到为判定辛普森是否有罪而举行的这次听证会时，她就该会对公众态度的影响进行过这样的描写：一些黑人不顾指控和证据就认为没有黑人会犯罪。她说，这些黑人的脑海里有着根深蒂固的记忆，他们总是想着黑人被拖进黑夜里就从此消失的景象，他们曾与种族主义斗争过，因为他们发现种族主义盯着他们、嘲弄他们、经常影响他们，这种感觉甚至使得他们在种族主义不存在的时候也能看到它的存在——"它能完全遮挡住人们的视线，让他们看不见其他任何东西……就像一些东西在我们脑海里根扎得太深，因而我们永远也无法摆脱一样"。

发生在美国"爱荷华"号战舰上的那次神秘爆炸代表了另一种思维定式。一篇发表在《美国新闻及世界报道》上的文章在谈到人们如何看待克莱顿·哈维格（Clayton Harveig）海员卧室里的私人财产时这样写道："确实有各种不同的争论，这些争论最终都明显集中于哈维格的卧室所具有的象征意义上。有些人只看到了大量军事书籍和大事记所代表的好的一面，而其他人则从同一景象中看到了他的罪恶心理。"

看来，一旦某种思维定式在脑子里生根，人们就极难再把它赶走，因为它超越了我们意识的界限。除非我们对思维进行仔细的分析，否则我们将不可能意识到脑子里有一种思维定式存在。但问题是，如果我们对偏见和思维定式毫无察觉，我们又怎么能让自己免受它们的不良影响呢？这真让我们左右为难。

要想改变这些不好的偏见和思维，只有一种办法，那就是让我们（我们的大脑）广泛接触信息，然后把剩下的事情都交由大脑去完成。还算幸运的是，我们的大脑在很大程度上是一个"自变系统"（你会注意到没有说是"自我纠正"，因为一种偏见或思维定式的纠正完全是由它所处的文化决定的），只要接触到足够的新信息，它就会改变原来的偏见。比如，当我们在皱着眉头品尝自己一直不喜欢吃的食物时，发现它其实很好吃；当我们读一本自己讨厌的作者所写的书时，发现自己居然挺喜欢作者写作的风格；在我们迫不得已跟某个自己从不喜欢的人就某个项目进行合作以后，我们发现自己最后也喜欢上了这个人。

不过即便如此，大部分的偏见和思维定式还是很难改变的，只能一点一点地慢慢来，通过不断地接触新信息而加以改变。有一个例子很说明问题。美国社会 20 世纪五六十年代逐渐认识到种族歧视的现实和危害，可是一些偏见和思维定式由于在人们的脑子里扎得太深，因此只能通过真理震惊疗法加以纠正。第二次世界大战中纳粹军团投降以后，许多常年坚决否认纳粹暴行的德国人被迫去看看"死亡集中营"，结果眼前的恐怖景象立刻永久地驱走了他们心中的怀疑。据说，类似的震惊疗法在婚姻咨询和吸毒治疗中也时有使用，即让赤裸裸的现实告诉人们其异常行为或有害行为将会导致什么样的可怕后果。

5. 我们觉得有必要为每件事情找到解释，无论这些解释是否准确

并不是我们人类喜欢解释事情，而是我们不得不去解释。事实证明，我们是一种解释性物种。其原因在于，要想理解一个不确定的世界，只有解释才能使得生命中的许多情形更可以预测，从而消除我们对将来可能发生的事情的焦虑。虽然这些解释并不一定总是有用的，但它们却使我们在数千年中成功地与危险的外界打交道并作为一个物种生存了下来。

解释一切的冲动激发了我们对世界的好奇心和了解世界的渴望。据笔者所知，人类是唯一渴望知识或者意识到知识这一概念的物种。认识——为事情找到解释，是人类活动中最让人满意的东西。通过这种方式，人类建立了秩序与和谐——只要有秩序，我们就会有安全感和满足感，一旦无法识别自身所处情境的模式，我们内在的安全感和满足感便会有所缺失。

寻求解释始终伴随着我们寻求因果关系和其他模式的过程。一旦我们识别了一种模式，我们就要解释或是让别人为我们解释为什么会这样、这样意味着什么、什么情况下一般不会有困难等，这是我们经常经历的一种自发的、无法控制的反应。比如，我们有时需要向他人解释我们如何待人，而别人解释他们如何对我们时，我们也会洗耳恭听。再比如，我们对一个朋友说"玛莉今天上班迟到了"，朋友会立刻解释说"哦，她可能……"，然后我们认可这个解释，"是啊，你可能是对的"。还有，新闻媒体对时事进行解释，而我们就像课堂上的学生一样模拟这些解释。负责某一比赛的体育解说员解释比赛规则以及各参赛队伍的战略战术，而我们则满意地接受他们的评论。年轻人向父亲解释家用车上为什么会有凹痕，而父亲急切而狐疑地等待更充分的解释……我们就是解释的物种，我们完全可以被标以"解释属"。格罗维奇说过，"看来要想活着就要解释、为自己辩护、到不同的事物（这种事物看起来似乎是大脑中包含一种细胞——一种可以快速且轻易理解大部分奇怪的信息模式的解释细胞）中间去寻求一致"。

看下面的一段话。

我步行去银行。银行里没有人。那天是星期二，一名女士用外语和我说话。我的相机掉在了地上，正当我蹲下去捡相机时，音乐响了起来。战争持续了很长时间，但我的孩子们没有受到伤害。

你是否感觉你的大脑在理解这些看起来支离破碎的信息时有困难？当你艰难地把这些零碎的信息联系成一个模式时，你是否感到了一种轻微而切实的沮丧和不快？这种负向的情绪来源于一个事实，那就是你无法将之联系起来，至少你不能确定自己的联系是否正确。因为这些信息实在是乱七八糟、过于简略，并且根本毫无联系，而我们的大脑则努力想符合逻辑地——如果你不介意这么说的话——理解它、对其加以整理。我们无意识而且艰难地思考这些句子，努力寻找它们之间的联系，寻找一根能够把这些信息连成一体的线。

如果我们不能立刻找到一种链接模式的话，我们的大脑就会自己制造一个——要么像处理那 6 个互不相连的点一样通过填充缺失信息的方式，要么通过剔除"不相关"信息的方式。为了缓解那种"轻微而切实"的不快，我们的大脑只能几近绝望地强行选择一种模式。埃德蒙·波尔（Edmund Ball）在他关于人类感知的有趣著作《认知的第二种方法》（*The Second Method of Cognition*）中说："我们希望所感知到的一切都有意义。当某个意象没有多大意义时，我们就会想方设法赋予它意义。"

当然，强行选择一种模式的过程进行得非常快，快到我们一般感觉不到任何不快存在的地步。但需要明确的是，这种不快在我们的大脑中确实存在。如果我们的大脑不能在几秒钟之内找到一种满意的模式，这种不快就会浮现出来。

打个比方，这就像我们听到音乐中出现不和谐的和弦时所感觉到的那种不快——不必有人告诉或教我们该和弦不和谐，我们就本能地知道这一点，就好像我们听到很和谐的和弦时能本能地感觉到轻松愉悦一样。其实，这正是音乐中"和谐"的含义：和弦中两个或两个以上音调之间的一种愉悦——和谐（理解所接收到的信息）则让人愉悦，不和谐（不理解所接收到的信息）则让人不快。

不过，你没有必要费尽心思为上面那个看起来没有任何联系的段落制造什么模式，笔者来告诉你答案吧，或者如保罗·哈维所说的，告诉你"剩下的故事"。

　　第二次世界大战刚宣布结束。我走在法国小镇的一条去银行的小路上。那个星期二恰逢法国国庆节，所以银行停业。一位庆祝停战的法国妇女把她的相机递给我，让我为她和她丈夫照张相。但我不小心把相机掉到了地上，当我弯腰捡相机时，《马赛曲》从镇中心的大喇叭里传了出来。我的感情因此一下子受到了触动，我的两个儿子曾同美国军队并肩作战，庆幸的是，在这一场漫长的战争中，他们都没有受到伤害。

　　知道这些句子之间如何联系时，难道你的感情不复杂吗？满意？轻松？抑或知足？

　　人类需要认识世界。认识世界让人愉快而舒适，而不认识世界则会让人感到不安。想知道、要知道是人类的一个基本特点。我们嘲笑直接翻到悬疑小说最后几页的读者，但这个人并不在乎我们怎么看他，因为他只是在无意间对深深植根于我们人类大脑中数千年的本能作出了回应而已，更何况人类本来就难以拒绝好奇心的驱使。在更大、更深的层面上，历史学家们历时多年进行了深入的研究，试图揭示人类历史事件的过程。本书中，笔者和作为读者的你其实也像是在寻找解释。我们人类一直在做这件事情。如同所有其他的特征一样，也正是这一点让我们成其为人。

但不幸的是，我们解释事物的冲动也可能像其他特征一样给我们带来麻烦——当发现某一事件没有什么特定的含义时，我们就会想方设法寻找一种解释，并且在潜意识里根本不在乎这个解释是否合理。

1996年3月，就在两名饲养员打电话的同时，费城动物园的一间动物圈舍被大火烧毁了。在被问及这次火灾时，他们说大约两个半小时以前他们就闻到了圈舍附近有烟味，但他们以为烟是从附近的火车编组站传来的——当遇到一种新情况时，他们创造了一种解释，并对这种解释很满意，所以他们又回到了办公室。这次火灾的结果是，23只灵长类动物被烧死了，而这两名饲养员则被解雇了。这是个很好的例子，能够恰到好处地诠释"解释的冲动"给我们带来的麻烦。

1974年，一名西北大学教授试图帮助一名年轻人出版他的书稿，但他们的努力最终被拒，这使得作者非常生气。5周以后，一次爆炸震惊了整个校园。教授在瞬间突然怀疑这次爆炸与该青年的恼怒有关，但他随即又觉得这种想法有点儿牵强，他面临一种情形，寻找到一种解释，然后便满意地又去做自己的事情了。20年后，教授得知他曾经帮助过的那个年轻人叫本奥多·卡欣斯基，是个所谓的"隐形炸弹人"。他曾在18年里连续制造爆炸事件，共计造成3人死亡、23人受伤，最后终于被判刑。

和那位教授一样，在分析问题（自己的怀疑）时，我们有时会想到一些并没有多大说服力的解释，但我们仍然这么做并泰然处之，并且我们在潜意识里真的不在乎这种解释是否合理。看来，解释的合理性根本就不是我们有意识要考虑的因素，起作用的仍然是那些恼人的偏见和思维定式。

有足够的证据证明，我们对我们解释的合理性漠不关心是有着深层次的原因的——我们所给的解释不一定是真的才能满足我们解释事物的冲动！看来不得不承认，这种漠视清楚地表明了我们人类的思维过程，虽然事实让人惊讶、让人深思，也让人不无焦虑。

稍微等一下，让我们再想一想这种发现。依笔者拙见，这种发现代表了对人类大脑及其行为的工作原理的令人敬畏的理解。仔细想想看，这其实表明在我们的大脑中有一种自动的、无意识的机制，它能让我们在找到某种解释时变得很知足。

因为楼下的噪声，睡在楼上卧室里的我们半夜醒来了。但对此，我们自言自语地说是猫弄的，然后便翻了个身又睡着了。

看，由于对自己的解释满意，我们会很高兴地去做其他事，而不会再认真怀疑我们的解释。这是人类不充分考虑其他选项的原因之一。而不考虑其他选项，就像笔者在本书一开始所说的那样，是分析错误的主要原因。

6. 人类想寻找并重视那些支持他们的观点和判断的证据，而刻意避免并贬低其他的证据

下面，请和我一起快速做个实验。停止阅读本页，而把目光转向离你最近的墙看上几秒钟。

stop 继续阅读之前，请你先停下来，注视离你最近的墙。

如果你按照笔者的要求去做，你马上就会问自己："墙怎么了？要我在墙上找什么？"你问这个问题没错，因为笔者没有告诉你要注视什么。你知道，我们的眼睛几乎总是在注意什么，总是在盯着某个东西。但其实，我们的眼睛只是大脑的附属与延伸，大脑让它们干什么它就干什么，而它们经常要做的事就是注视。如果我们不让大脑集中注意力，它就会进入一种准震惊状态，一种类似于微型麻痹的东西。我们能够通过一种由迷惘、焦虑、沮丧等交织而成的微微复杂的感情而感受到这一点。设想一下，有人让你一直看着离你最近的墙半小时，而你则不知道你要看什么。一想到这一点，你是不是就会发抖？在这种情况下，我们的大脑就会感到不快，并让我们开始紧张、急躁，甚至我们心里会想或是大声说出来："我该看什么？有什么意思？"换句话说就是"焦点是什么？"。

（1）集中

我们人类在本质上喜欢集中注意力。这种特点根植于我们的大脑结构中，是我们与其他生活在这个星球上的所有热血生物共有的（这句话的意思是说所有的生物都很容易集中注意力），例如顽皮而急躁的松鼠，它们在地上来回奔忙，为冬天储存食物，但突然，它直直地站在那里一动不动了——某种移动的物体或声响引起了它的注意。松鼠一动不动，观察、等待，随时准备一有危险就蹿上树去以求安全。当松鼠保持不动的姿势时，它的"意识"和所有的感官全都集中在潜在的威胁上，所有其他的兴趣都不再重要。由此可见，集中注意力确实不是人类独有的特点。

在《认知的第二种方法》中，埃德蒙·波尔在说到"注意"（"集中注意力"的同义词）时说了以下一番话。

我们从一种感觉到另一种感觉，只观察看到的一部分东西，只听我们周围的某些声音，只闻许多气味中的某些气味。我们对感觉的选择和关注能力让我们没有成为对周围世界的感觉的奴隶。

现实是由许多感觉和细节组成的。注意力让我们能把不同的感觉组合成统一的东西，并让我们仔细审视这些东西、识别它们是什么。

我们所有的心理倾向对我们这个物种的生存都起了一定的作用，但这些倾向中没有一个比我们的本能对集中注意力所起的作用更大。如果我们的祖先天生就是一群傻子，不能集中注意力，而只能在热带大草原上漫无目的地瞎逛，或者轻易成为其他食肉动物的猎物，那么我们便不可能生存很久。今天，同很久以前一样，这种本能使我们能够在嘈杂的饭店里吃饭时自由地与他人进行谈话——通过认识科学还没有完全弄明白的神经过程，我们的大脑过滤了所有的背景噪声：碟子相撞的声音、喧闹的音乐、叽叽喳喳的人群，从而让我们能够听到并理解我们同桌的人说的是什么。除此之外，集中注意力还让我们能够随时与人交流、能开车、能吃饭、能读这本书，以及做其他一切事情。

:: 练习 1-1　谜语

下面这则谜语中的人是谁?

新任行政长官的他是国家历史上较年轻的行政长官之一。他于1月份履新，那天天气阴沉、寒冷、多云。站在他旁边的是他的前任，一位曾经在一战中领导这个民族的军事领导人。这位新行政长官是个天主教徒。之所以能升到这个新职位，部分原因是他有着强大的感召力。他受到人民的尊敬，将在这个国家即将面临的一场军事危机中扮演关键的角色。他将成为一名传奇人物。

几乎每位读过这个谜语的美国人都会认为它说的是约翰·肯尼迪（John F. Kennedy），但他们都错了。当然，这段描述很符合他，但我真正想的是站在曾于第一次世界大战中领导德国的保罗·辛登堡总统旁的阿道夫·希特勒（Adolf Hitler）。

人们之所以误读这个谜语，在很大程度上是因为"国家历史上较年轻的行政长官之一"这个短语使人们立刻想到了肯尼迪，是形象偏见在起作用。他们对于肯尼迪的记忆要比对希特勒的记忆更形象，因此更容易想到肯尼迪，而且相比后者，肯尼迪也更多地代表着一种力量。

看来，一旦"肯尼迪"的观念在脑中扎根，我们就会本能地注意这种观念，并寻求支持这一观念的证据，而这是我们随时能够做到的。

前任是军事领导人——艾森豪威尔

天主教——没错

富有感召力——没错

受尊敬——受大多数人尊敬

在一次军事危机中起关键作用——在古巴导弹危机中

传奇——当然

随着支持肯尼迪的证据不断增加，我们确信我们找到了答案（解释的冲动又在起作用了），并且因为我们感觉非常舒服，对自己认定他就是肯尼迪的判断有信心，所以也不太可能考虑其他选项。

笔者在前面曾提到的那位经理排除了她的出纳偷钱的可能性，与此是相似的。她这么做是因为她的注意力集中在这件事是别人干的这一解释上。她认为该出纳诚实守信，绝不可能干出这种事。这一思维定式不允许她去考虑其他可能——他不诚实。

关于希特勒的谜语和偷钱的例子都说明，尽管集中注意力在我们分析问题时有很多优点，但它同时也有很大的不足——

容易使我们片面地看问题，也就是说在透过有色眼镜看世界时，我们容易集中在（盯着）第一种合理的方案，即提供解释的那个方案上。

我们倾向于集中注意力，这一点在实验中被低估了。实验中即便是在所有相关信息都在表明是他们错了的时候，人们还是反复而明显地不去纠正他们起初的反应。

有一件事与我们片面的思维定式有关，它是片面思维的典型例子，这就是《华盛顿邮报》上的某篇文章曾经描写过的、发生在摄政大学法学院教授杰·赛枯鲁（Jay Sekuru）的课堂上的那件事。

赛枯鲁教授正和他的学生讨论联邦上诉法院的规定。该规定禁止公立学校允许教会团体放学后在学校里进行宗教活动。

由于学生们很容易接受教堂的立场，因此就这一点他们很快达成了一致：学校是公共建筑，当要求进入的一方是宗教团体时，自然不应该受到拒绝。

但当赛枯鲁让学生陈述校方的观点时，学生们却死一般地沉寂。他又问了一遍，看到的仍然是学生的沉默与摇头。

他感到很吃惊——学生们居然不能从学校的角度去看待这一事情。

把精力集中于某一种方案上，我们就会像赛枯鲁的学生一样，受到这一方案的影响，因而对其他可能的方案失去了兴趣。由于我们集中在已选择的方案上，所以我们重视支持这一方案的证据，而对不支持这一方案的证据则不重视、不认同、不信任、不考虑。因此，我们重视那些与我们的信念在表面上一致的信息，对与我们的信念不一致的信息则非常挑剔，其可信度也大打折扣。看到这里，大脑容易集中注意力这一倾向会影响我们分析的客观性就不再难以理解了。

我们在找一份夜间的工作。我们听说了一份薪水不错的工作，但工作地点在犯罪高发区。我们需要钱，所以我们不再考虑风险。而当情况不同时，我们就会恰恰相反。比如我们不想上夜班但又不得不找一份这样的工作时，如果有人告诉我们在犯罪高发区有一份薪水确实不错的工作，那我们就会把高犯罪率当成不去求职的借口。

在大量的证据面前，根据我们的思维定式，我们容易看到我们希望和想看到的，同时容易看不见我们不愿或不想看到的东西——大脑在不知不觉间巧妙地对证据进行了重塑，以与我们的期望一致。

如果你怀疑这种倾向的存在，或者认为它的作用对解决问题而言极其有害，那么请你在朋友身上做一个试验，让你的朋友选一个他或她非常关注的话题，然后就这一话题陈述他或她自己的观点或对其进行辩护。当你的朋友做完这一切之后，悄悄而平静地让他或她完全改变立场——如果你朋友赞成某事，你就让他或她反驳它；如果你朋友反对某事，你就让他或她支持它。这时你就会看到，你的朋友很可能一下子傻眼了，他或她根本不知道要如何响应（笔者怀疑是他或她的潜意识进入了震惊状态）。而当你的朋友开始说话的时候，答案可能是"反对它？我告诉你我支持它！"，然后他说"我知道了，你说应该这么办。那么告诉我为什么不应该这么办。"的确，大多数人不能够做得很好，而一些人则根本就不会做，在让他们做的时候，他们会很沮丧，因为他们太集中于自己对于这个话题的理解上，因而不能充分注意到该话题的另一面（或另几面）。

关于集中这一特点的一个值得记住的例子发生在 1912 年，即新闻女主播玛丽·菲尔德（Mary Field）在报道著名的审判——人民与克劳伦斯·戴罗（Clarence Darrow）时说过的一句话。当被问到她的报道为什么没有解释案件的两面性时，她宣称："没有两面。只有一面，那就是正确的一面，而那就是劳工一方。"

（2）辩护

集中的特点就在于受人尊重的人类辩护机制——就某一问题站在一个立场上，汇集所有论据为自己的立场进行辩护，并批驳那些支持（集中于）相反立场的观点。我们的社会是由辩护者组成的。最无知、最没有受过教育的人与最聪明、最博学的人一样都本能地对生活采取一种辩护和以自我为中心的态度。辩护是一种传统的学者型方法，是一种经常被广播和电视脱口秀以及报纸专栏作家、科学家、研究员还有其他人采用的讨论问题的方法。

而且，它也是我们大多数人——夫妻、父（母）子、亲友、上下级、劳资双方——用来思考问题、寻求解决方案等的方法。

我们的教育机构应该对这种辩护的过度使用负责。辩护确实过度了，从幼儿园到研究生院，从课堂讨论、书评、学期论文、期末考试、论文到辩论，辩护都受到欢迎和好评。但这些机构教给我们学生的不是客观分析的艺术和技巧，而是主观辩护的艺术和技巧——选择一个论题并对其加以辩护；选择一种观点并对其加以辩护；提出一个论点并对其加以辩护；选择一个立场并对其加以辩护。简言之，就是做一名辩护者！教育家们当然没有发明辩护，他们只是顺应了人类大脑生而具有的方式——一种大脑本能的工作方式。但问题是，当我们分析问题时，大脑的运行方式会不会对我们有所说明呢？

毫无疑问，辩护一直在起作用。毕竟，它是我们司法系统的基础，在这一系统中原告起诉，被告辩护，双方中的任何一方都不能身兼二任；辩护也是我们的政治系统的基础；辩护还是我们民主制度的基石，它保障了每位公民为自己的权益进行辩护的权利。所以，除辩护者以外，当有人——比如法官或是陪审团、选民、董事会，或者老板，无论是谁作出决定时，辩护都是在起作用的。

但是当辩护者就是决策者时，辩护可能会破坏方案的合理性、有效性以及有益性，因为辩护会巩固并延长我们的思维定式、观念以及偏见。而这会培养我们集中的倾向，并因此阻止客观性的存在。当我们不能做到客观的时候，我们就会限制甚至阻止自身对于问题的充分理解。

7. 我们在面对矛盾的证据时倾向于接受不真实的观点

事实表明，许多我们很重视的观点在仔细审视之后都是不正确的。格罗维奇解释说，我们不相信可疑的观点，因为我们没有接触到真相。相反，如果面临不可逆转而且相互矛盾的证据，那我们就容易坚持这些可疑的观点———一名受尽折磨的家庭主妇相信她的丈夫不会再打她，因为他是爱她的；一位经历生意惨败的商人在检查财务报表后会相信他做的没错。

我们为什么会如此固执地坚持我们的观点呢？答案当然和有关人类其他行为的问题一样复杂，但是心理学家罗伯特·阿伯森（Robert Aberson）的解释非常有趣。他认为，我们人类对待观点就像对待物质财富一样，我们会因为物质财富所能够起的作用和具有的价值获得并保持这些物质财富。物质财富让我们感觉良好，因此我们会对它们加以珍惜和保护，这是问题的本质。阿伯森认为，我们对待观点也是一样的。他认为观点与财富之间的相似性在我们的语言中有所体现，比如，我们经常会说"持有"某某观点，或者"采纳""继承""获得""占有""坚持"……某种观点，当我们想拒绝一种观点时，我们会说我们"不买它的账"；当我们放弃一种观点时，我们会说我们"失去""放弃"或"不再持有"这种观点了。

很久以前，弗朗西斯·培根（Francis Bacon）爵士可能就对这一特点提供了最好的解释。他发现，我们更愿意相信我们认为是正确的观点。多么深刻的道理呀！这句简单的话对今天公众谈话中争议很大的典型的观点仍然很有启发，比如，公众认为真理经常是不起眼的且没有人要的孤儿。

很明显，我们支持不正确观点的这种冲动会对我们分析和解决问题的能力产生毁灭性的影响。

四、底线

艺术家乔治亚·欧可菲（Georgia Okefi）自传中的一句话很好地说明了上述 7 种心理特征的强大力量。这句话还出现在波尔的书《认知的第二种方法》中，那就是"乔治亚突然意识到她的感情受她看事物的方式的控制。这只是一瞬间的转化。她意识到，她所看到的一切都有赖于情感世界"。波尔在他的书中说出了下面一段话。

那天，她明白了艺术家的秘密：你所感知到的取决于你是什么人。长于分析的思想家通常认为，现实是什么我们就会感知到什么，所以他们用一种抽象推理的过程去解读这种感知。欧可菲意识到，这种感知就是解读，它取决于一种内心的现实，而这种现实控制着我们的感官所发现的意义。

波尔所说的这种内心的现实实际上受到笔者所说的心理特点的控制，因此，正是那些隐藏的特征决定了我们在感官收集和传递给大脑的信息中所发现的意义。这是一种恼人的现象，因为我们大都没有直接意识到或是有意识地控制这些特征。

在我们考虑这些特征还有其他我们没有讨论的却与上述特征共同起作用的特征时，我们是否知道我们人类就像是 200 年前亚历山大大主教所发现的那样容易犯错误呢？我们一直在透过厚重的纱巾观察眼前的世界，这个纱巾由难以承受的、扭曲思想的情感、偏见和思维定式组成。通过这层纱，我们有时会看到因果关系以及其他"模式"，但事实上这些模式根本不存在。我们很容易把这些本就不存在的模式与我们自鸣得意的解释联系起来，而对于这些解释是否合理，我们却根本就不在乎。最后，我们还把这些解释转化成坚定的信念，并在面对无可挽回的、完全矛盾的证据时极力地对其进行辩护。

第二章

有效解决问题的 5 个方面

一、主要因素，主要问题

几乎所有的情形，即便是最复杂、最具动态的情形都是由几个主要因素驱动的。所谓因素，就是让事情发生的事物、情况或者条件。因素又反过来产生问题，这些问题指的是有争议或要决定的点或问题。

比如一场牵涉两辆车的交通事故。这里的主要因素（引发这次交通事故的背景）有莽撞驾驶、酒后驾驶或药后驾驶、没有服从路权、超速、机械故障等。这里的主要问题（有争议或要决定的点）源自这样一些因素：谁开的车？他们开车有多快？他们喝酒了吗？等等。因素引发问题，问题又源于因素。

主要因素和主要问题是分析的导航员。它们能告诉我们分析应当朝向哪个方向进行。它们会随着我们对于新信息的认识以及对问题的理解的变化而变化。如果我们没注意到它们，我们就会在分析问题的过程中迷路。

我们应当集中在对于主要因素和主要问题的分析上。研究细小的地方（一切次要的因素和问题），把这些也融入我们的分析中来，权衡它们对形势和可能产生的结果的影响，所有这些通常都是浪费时间，因为细微之处绝不会起到重要作用。我们对于细微之处的分析止于知道它们的存在就可以了。"但是细微之处，"你会说，"也可能重要。"笔者不同意你的说法，如果一个细微的地方是重要的，那么从本质上讲它已经不再是细微之处了，它已经是一个主要因素或主要问题了，因而应当受到重视。

奇怪的是，人们在一个既定的情形里面很难说清哪些是主要因素，他们很容易做的事就是找出那些立刻进入大脑中的因素，也就是说，找出那些对他们来说重要的因素，而不是这种情形里面的一种驱动力。其实，区分主要因素并不是一种天生的技巧，而是一种只能通过实践、尝试和错误而获得的技巧，即做得越多，就做得越好。

可见，有效解决问题的第一个方面就是要在一开始列一个主要因素和主要问题列表，并根据需要增加或减少列表上的项目，然后把这个列表贯穿于解决问题的全过程。

二、集合与发散

第二个方面与分析的两个基本模式相关。在分析过程中的任何一点，或从一开始到最后，我们都处于两种模式的一种之中：或集合，或发散。

集合就是指把东西集中于一点或向一点移动。我们只要从狭义上看待一个问题，把我们的注意力集中于疑难的一个方面或者排除其他可选方案，我们就处于一种集合模式之中。而发散则与集合相反，是指从一点叉开、分散。只要我们从广义上看问题，无论是更彻底地检验证据、收集证据，还是考虑其他可选方案，我们都是处于一种发散模式之中。

　　发散性思维让大脑对新观念和新思想敞开大门，而集合思维则是通过更狭隘地看问题，直到产生唯一的方案为止才让大脑关闭。打一个恰当的比方，这就好像是一个可以调节和放大物体周围（发散）视场或者缩小物体使其处于光圈之中（集合）的相机镜头。

　　发散和集合对有效解决问题而言都是必要的。发散能使大脑向有创意的选项开放，而集合则能把不好的选项去除出去，只选择最好的选项。如果没有发散，我们将永远不停地分析；如果没有集合，我们则永远没有结果。因此要想有效地解决问题，分析者应当准备好而且应当能够轻易而随意地在发散与集中模式中来回转换，从而把每一种模式都根据解决问题的需要发挥到极致。这一点至关重要。

　　更重要的是，我们要意识到：①集合与发散是两个完全不同的模式；②在分析过程的某一时刻，我们正处于哪种模式之中。意识到这两点将大大提高我们解决问题的能力。

　　不幸的是，人类极难在两种完全相反、完全冲突的方式之中自由地来回转换。我们大多数人并非天生就是发散性思维者，发散不是我们本能的一种。确实，我们大多数人习惯于抵制发散，有时很激烈，甚至很愤怒。

我们的集合倾向也有一个明显的症状，那就是大多数人在集思广益时会遇到困难。大多数人用"集思广益"这个词是指就某个东西与别人分享一些想法，比如"我们明天上午开个会来共同讨论一下你对于新项目的建议"这句话，其中的"讨论"其实就是指"集思广益"，并通常仅等同于每个参与者都把自己的观点陈述一下，然后对自己的观点进行辩护。这并不是笔者所说的"集思广益"的意思。笔者所说的"集思广益"是指随意地、自然而然地提出想法，而不必担心这些想法是否实用，因而它通常是由一群人来做的。大多数人不愿意集思广益（根据笔者的经验，这种抵制随着受教育水平的提高而增加）。这一事实告诉我们，在我们的大脑中，集合的倾向根深蒂固，它占据着主导地位。这同样告诉我们，集合对于有效地解决问题是多么有害。

你曾读过关于如何集合的书或文章吗？你曾看过《大脑集合思维的新视角》这样的电视节目吗？你听说过多少教你如何集合思维（我们也可以叫作"臻于一点的方法"）的课程？你当然没有！因为人类根本不需要有人教他们如何集合思维，而是自然而然地就能获得这种能力。但是同时，却有成百上千的关于如何进行发散思维、如何开启大脑之门、如何集思广益、如何得出有创意的选项的书、文章、录像、讲座和课程等。这向我们说明了什么呢？——发散思维并不是与生俱来的，必须要有人教我们如何进行发散思维才行。它还告诉我们，当进行发散思维时，人类会遇到困难、需要帮助。

三、分析的自信

问题以各种各样的形式出现，每一个问题都可以按照事实与判断在分析问题时所起的作用分成不同的种类。这种分类方法（见表 2–1）叫作"问题类型分类法"。

表 2–1 表明，常识也告诉我们，事实的数量与解决问题所需要的判断的数量之间有一种成反比的关系。看表的右边，我们掌握的事实越少，越需要更多的判断。再看左边，事实越多，判断越少。以这种关系为标准，我们可以把问题分成以下 4 种基本类型。

简单型

■　只有一种答案。

■　比如，①格兰特的墓里埋的是谁？

　　　　②纽约州的州长是谁？

确定型

■　只有一种答案，但必须使用正确的规则。

■　比如，①一个边长为 20 厘米的正方形的面积是多少？

　　　　②如果车轮的周长是 1 米，那么车轮转多少圈才能行驶 1 千米？

随意型

■ 可能有不同的答案，而且所有的答案都机会均等。

■ 比如，①哪个候选人会赢得选举？

②竞标的建筑商中谁会中标？

不确定型

■ 可能有不同的答案，但是由于其中的一些或全部都只是猜想的，所以并非所有答案机会都均等。

■ 比如，①允许同性恋服役将会对下届总统选举产生什么样的影响？

②美俄关系的前景如何？

表2-1 问题类型分类法

事实的作用			判断的作用
简单型 只有一种答案。	确定型 只有一种答案，但必须使用正确的规则。	随意型 可能有不同的答案，而且所有的答案都机会均等。	不确定型 可能有不同的答案，但都是猜想的，所以并非所有答案都机会均等。

对于简单型的问题，不需要有判断，因为只有一种答案———
一个事实。如果我们不知道这个事实，我们就不能解决这个问题。

对于确定型的问题，要想得到答案，我们就必须掌握所有的
数据和正确的规则。两者中缺少任何一个，问题都不可能得到解
决。而且，判断并非是一个因素，除非要求我们猜测数据或规则，
但这种情况下问题已经变成不确定型了。

对于随意型问题，由于可能有不同的答案，要得到解决方案
就需要判断，但判断的作用受到限制：所有的答案都是已知的。

对于不确定型的问题，判断不受限制，因为所有的答案不仅
不是已知的，而且是猜想的。

如图 2-1 所示，事实的数量与分析中所需要的判断的数量成
反比。随着所需的事实数量的减少，判断的作用增大。

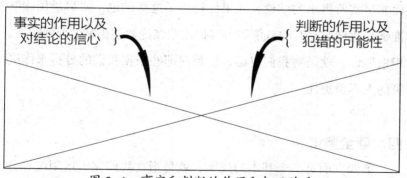

图 2-1　事实和判断的作用和相互关系

另外，在判断的作用和犯错的可能性之间也存在着明显而直
接的相互关系。分析问题时我们使用的判断越多，我们的决定中

出现错误的可能性就越大。

因此我们可以得出结论，随着犯错的可能性的增加，我们对于决定的信心必定会降低。但实际上却并非如此——无论在什么情况下，人类的大脑都并不情愿或并不经常对它所得出的结论失去信心。这是误导我们思维的另一个奇怪的人类心理特征。

之前说过，认知实验表明，即便当我们的解释不能很好地代表证据，我们还是会使用这种解释，且颇为自得。而且，即便是在强有力的相反证据面前，我们也总是会为自己的解释进行辩护，认为这些证据不相关或是诡辩。如果不考虑我们所分析的问题的类型，也不考虑我们的分析和结论如何具有猜想和主观的成分，我们就很容易用同样强烈的自信为我们的结论辩护。

这就是我们要说的第三个方面，就是要警惕主要是基于判断而非事实所得出的结论。如果你得出了这些结论，要尽量用能够准确表达你对它们的自信的语言把这些结论表述出来。否则的话，坦白地说，就是对我们自己，也是对那些根据我们的分析来作决策的人不负责任。

四、健全测试

第四方面是一个基本的规则，就是指在我们完成运用统筹分析方法时，我们总是要进行一项健全测试。我们问自己："这合理吗？"如果分析结果合理，我们的分析能力还可以，但直觉告诉我们有点儿不对劲的时候，我们就应当回过头去再重新审视或者完全重新作一次分析。

五、小组的分析能力

　　针对小组分析过程所做的实验表明，在多数情况下，一组分析人员的分析能力要比小组中任何单独的一个成员的分析能力都要强。因此，小组所达成的一致判断很有可能比小组中任何单独成员的判断更正确。然而，当一组人围着桌子分析一个问题时，小组成员很少有人会认为其他人加在一起比自己对该问题了解得多、理解得透，并能比自己提出更好的解决方案，特别是当自己的观点与小组的观点不一致时。

∷练习2-1　危险运动

　　邀请5～7人参加这一运动。

　　把下面这张包括8项运动的列表发给每个人。

摩托车赛

赛马

跳伞

登山

拳击

潜水

橄榄球

滑翔

每一个人都单独把这些运动按照对参加者造成伤害的风险由大到小进行排序。

当小组中的所有人都完成自己的排序以后，把小组集合在一起共同对这 8 项运动进行排序，最终产生一个达成一致的排列顺序。

当小组就排列顺序达成一致时，翻到本书第 221 页，运用体育运动风险等级划分矩阵范例来判定哪一种排序最准确，看看是小组排定的顺序还是小组当中某一个成员排定的顺序更准确。

 继续阅读之前先停下来，做一下危险体育运动项目的排序。

等级划分的结果是否说明小组的一致判断比小组中任何一个成员的判断更准确？如果不是，你所在的小组对这个规则来说就是个例外。

人们相互协调从而让功能失常的两个小组达成一致的、不同的、巧妙的方法在多年以前曾促生了一个心理学的全新领域。这一领域试图理解和解释小组的行为，并想找出让人类的交流更有成果、更有效率的系统方法。目前，这一研究已经在解释小组功能失常行为和解决办法方面取得了重要的进展。笔者强烈建议任何一个有可能参与解决问题小组的人都在小组分析方面接受训练。这 5 个方面的学习将使每一个小组成员在讨论中发挥更大的作用，并能让整个小组更有效地进行讨论。

很多事情，比如个人的思维定式、有关谁是权威的争议、派系主导、缺少小组核心等，都可能影响小组讨论的效果。这当然与我们在前面中所讨论的心理特征所起的作用相似。小组中的交流很容易产生分歧，让成员不知所措，最终不能达到他们的共同目标。

这正是统筹分析通过合理而有益的方式对分析问题进行组织所能起作用的地方。对小组分析进行统筹有助于交流思想和考虑其他选项，而这些都对达成一致必不可少。由于小组成员急于让大家接受更有吸引力的观点，小组分析容易从一个主题突然转到另一个主题上去，所以统筹的一个主要好处就是帮助小组充分理解问题、集中讨论问题的一些个别方面，让大家随时都能知道小组正处于分析过程的哪一个环节中。

用本书所说的这些分析方法训练小组成员，将对小组讨论问题大有裨益。而通过小组集中讨论的形式，统筹又能让小组成员所具有的分析能力得到成倍的提高。这种能力会让他们最终成长为极具创造力的、能有效解决问题的人。

第三章

决疑术一：重新表述问题

一、为什么要重述问题

　　还记得那个故事吗？一个家伙老以为是他的水床漏水。他把问题定义为"如何修补漏洞"，他的分析受到问题定义即问题描述的引导。事实表明，他对"问题"的定义是错的。他应该这么问："我毯子上的水来自哪儿？"他应该区别"问题"和它的"表现"。如果他这么做了，那么他的分析就很有可能指向别的来源，从而发现水并不是来自水床，而是来自楼上卫生间里一根漏水的管道。通常，我们怎样定义问题决定了我们会怎样分析问题，并把我们引向一个特定的方向。而我们怎样分析问题以及我们采取怎样的角度，毫无疑问地决定了我们能否找到解决办法以及这个解决办法的好坏。

　　分析过程中，在所获得的信息和认知的基础上，我们经常会发现，最初的问题描述离标准相差很远。这样的例子我们身边就有很多，人们对一个问题定义狭隘，使他们在分析问题时没有远见，从而忽视了其他的可能性，而那些很可能是更有益的解决方法。来看下面的例子，一对父母正为他们的儿子在高中的糟糕成绩担心。

父亲："他就是不用功。"

母亲："我知道。他是不感兴趣，总是胡思乱想。"

父亲："我已经厌倦了总是说这件事。"

母亲："我也是。这似乎没有任何作用。"

父亲："也许需要有人指导一下他如何学习。"

母亲："天知道这样会不会有坏处，他的学习习惯太糟糕了。"

父亲："我明天就给学校打电话安排一下。"

母亲："好的。我肯定这对他会有点儿帮助。"

这对父母很高兴，因为他们自以为弄清了这个问题的性质，找到了解决办法，并且正在采取正确的行动。只是，"缺乏兴趣"和"胡思乱想"真的是问题的关键吗？找人指导他如何学习能解决这个问题吗？也许吧。但即便如此，这对父母也很可能只是说出了一个更深层次问题的表面现象而已，或许他们的儿子自己都不知道关键问题是什么，他所知道的只是他对学习不感兴趣。但是为什么呢？真正的问题出在哪儿呢？

一座办公楼外的停车场挤满了工人们的汽车。管理部门决定处理这个问题，因此他们召集了一个工作组，让他们想出各种办法重新设计停车场，为的是能容纳更多的汽车。工作组想啊想，最终想出 6 个办法来增加停车场的容量。

在这个例子中，管理部门把问题定义为"怎样增加停车场的容量"，因此他们寻求的解决方案也就相应地局限在对这个问题的描述中。但问题是，这样是否就真的没有任何问题了吗？的确，停车场很拥挤，而且显然，他们需要更多的车位。可是，难道不可以从别的角度来看待（描述）这个问题吗？比如，"怎样减少停车场里汽车的数量"（这样做的办法有：合伙使用汽车、把公司员工挪到别的地点或减少员工数量等）。

我们来做个练习。

::练习 3-1　阿尔贡纳污染（1）

美国环保署（EPA）在阿尔贡纳市一家化肥加工厂排出的污水里发现了挥发性的有机物。这些有毒废水流出阿尔贡纳市后汇入得梅因市东钗河，然后注入塞乐维尔湖，而该湖是得梅因这座拥有 30 万人口的城市的饮用水主要水源地。得梅因市议会通过新闻媒体和政治途径向州政府和美国环保署施压，让他们关闭阿尔贡纳那家工厂。环保组织在媒体的高度关注下在爱荷华州州长官邸前举行示威游行，要求立刻关闭那家工厂。当地电视新闻和脱口秀节目开始集中报道这一问题。阿尔贡纳那家化肥加工厂已经召开紧急会议讨论工厂的下一步行动。

花几分钟的时间在一张纸上写下你发现的"问题"出在什么

地方。不要因为想作弊而不写，如果你不做这些练习的话，你就会无法获得这本书给你带来的好处。所以稍微想一想这个问题，把你发现的"问题"写下来。

 继续阅读之前先停下来，把你发现的"问题"写下来。

你可能已经发现，这里的问题不止一个，因为根据我们考虑问题时的角度和出发点不同，问题会随之不断变化。下面是关于阿尔贡纳污染问题的"问题"范例。

公司管理

公司雇员

公司联盟管理

公司联盟成员

阿尔贡纳居民

得梅因市居民

得梅因市的新闻媒体

全国新闻媒体

爱荷华州州长

政治反对派

爱荷华州立法机构

那些炒作受污染水域的人

用受污染水灌溉的农民

联邦环保机构

得梅因区内的其他化肥厂

爱荷华州的其他化肥厂

从全国卫生保健等主要问题，到诸如常用账户透支一样的平凡小事，每一个问题都可以从多个完全不同的角度去看。那么是什么导致了这么多不同的角度呢？是偏见和思维定式，这些看不见的真相杀手决定了我们对待任何问题的角度。这个角度又反过来作用于我们的分析、我们的结论，最终左右了我们的建议。还有一个限制，那就是当我们发现一个问题时，我们看待这个问题的角度会迅速变窄。这也是那些心理特征在起作用：模式化、集中注意力、寻求解释、寻找证据等。

考虑到偏见对我们思维的巨大影响，我们有理由接受一个建议，即在解决问题之初（在我们开始认真分析问题之前）就应当有意识地努力找出我们的偏见，并对其加以审视，因为它们与我们手头上的问题有关。我们会对我们的发现感到吃惊，这会把我们送到解决问题的正确轨道上来。

尽管要找出偏见并对其进行审视是理智的行为，是按照常识就应当做的事情，而且明显会对我们的分析大有好处，会让我们找到更好的解决方案，但是从笔者个人的经验和笔者对别人的观察来看，要想让我们意识到我们的偏见，即便不能说是不可能的，也是极为困难的。我们应当面对这一事实——人类大脑天生就是用来掩盖左右我们的思维偏见的，要避开这个缺陷的想法简直不可思议。

因此，如果说想通过反省的方法找到我们的偏见不切实际的话，那我们应该怎么办呢？在处理问题时我们应当如何应对这些心理特征呢？

笔者向大家推荐一种间接的方法，那就是用我们所能想到的尽可能多的方法对问题进行重述（重新界定）。我们只要把我们的大脑发动机转换成发散思维模式（这说起来容易做起来难），想出这些重述，并且不加以评判即可。这里的关键如同所有的发散思维（将在后面加以讨论）一样，就是要让思想自由驰骋，而不要试图去为它们正名。

重述问题的目的就是扩大我们看问题的视野，帮助我们区分中心议题与可能选项，增加我们能完整而非部分地解决问题的机会。

有时，让我们对问题进行重述是会有难度的，因为原来的问题表述可能很糟糕。但越是这样就越要更加清楚地对其加以界定。

一般用 5 ～ 10 分钟的时间对问题进行重述，就可以从中获得更多的好处，因为这些时间就分析而言是重要的时间段。问题重述阶段会很快，几乎像魔法一样集中到问题的症结所在，并揭示出问题的实质是什么，这么说吧，它甚至能完全不受我们偏见的影响。找到问题的症结所在会让我们在分析阶段节省大量的时间、精力和金钱。而有时候，问题的重述直接就会告诉我们一种解决方案，尽管通常情况下问题重述只能告诉我们有不止一个问题，而且对找到这些问题有些帮助。

一般情况下，如果我们为别人分析问题，最好当着这个人的面对问题进行重述。在分开讨论中这么做可以表明我们顾客的主要关注点和他认为关键的议题。这会有助于问题的性质和我们的分析想要得出的结论在一开始就达成一致。

最重要的是，只要有可能，我们就应当把对问题的重述写下来，这样我们以及我们的顾客（如果是别人的问题）就可以知道这些重述。而一旦达成一致，对其进行的记录就应当保留下来以备我们在接下来的分析过程中参考。保存记录不仅让我们能随时查阅，看看我们的分析是否切题，而且万一我们的顾客事后抱怨我们解决的问题不对的话，它还可以为我们提供保护。但是，一定要记住，问题重述的目标是拓展我们界定问题的思路，而不是要解决问题。

二、问题界定中的不足

普遍地，在问题界定中会有以下 4 个不足，其中前 2 个是根本性的不足。

■ 没有焦点——界定太模糊或太宽泛。

比如：在工作场所我们应当如何对待计算机？

说明：这个表述的问题在于并没有真正说明问题是什么。

■ 焦点方向错误——界定太窄。

比如：约翰的成绩下降了。我们怎么才能让他学习更加努力呢？

说明：问题可能并不是不努力。如果不是的话，让约翰更努力学习可能只会使问题更糟。

其他 2 个不足是第 2 个不足的延伸。

■ 表述受假设驱动。

比如：我们如何才能让领头企业意识到我们的市场潜力？

说明：假定领头企业没有意识到自己的市场潜力，这个表述对问题的界定窄了。一旦该假定不正确，该种问题表述法就会误导分析的焦点。

■ 表述受方案驱动。

比如：我们怎么做才能说服立法机构建立更多的监狱以缓解监狱的拥挤状况呢？

说明：这个焦点狭窄的表述假定了一个解决方案。而一旦设定的方案不合适，这种问题表述就会把我们的分析引向错误的方向。

三、问题表述的方法

问题表述的方法不计其数，但下面这 5 种方法特别有效。

■ 重述。在不违背自己意愿的情况下用不同的话把问题重新表述一下。

最初表述：我们如何才能限制交通堵塞？

重述：我们怎么才能让交通堵塞不再增加？

说明：尽量用不同的说法把同样的事情说出来，这会使意思发生轻微的变化，也就会让我们从新的视角看待事情，并对事情有新的理解。

■ 反转。把问题倒过来。

最初表述：我们怎么才能让雇员来参加公司的野炊呢？

重述：我们怎么才能让雇员不来参加公司的野炊呢？

说明：从相反的视角看待问题是一种非常有效的方法，因为它不仅能对问题的潜在前提提出质疑，而且能发现引起问题的原因。在上面的例子中，这个转了180度的问题的答案可能是野炊的时间正是雇员去做礼拜或参加其他重要个人活动的时间。如果是这样，把野炊地点安排在雇员们进行那些活动的场所附近可能是让他们前来野炊的方法之一。

■ 扩大焦点。把问题置于一个更大的情境中表述。

最初表述：我要换工作吗？

重述：我如何才能获得稳定的工作呢？

说明：注意对最初表述的回答只能是"要"或"不要"，这样会立刻把其他选项排除在外。

■ 重新确定焦点。勇敢地、有意识地改变焦点。

最初表述：我们如何才能增加销量？

重述：我们如何才能降低成本？

说明：在这 5 个方法中，这个方法对思想和创造性的要求最高，因此是最难但也是最有用的方法。

■ 问"为什么"。对最初的问题表述问个"为什么"，然后根据回答对问题进行新的表述。然后再问"为什么"，再根据回答重新表述问题。多次重复这个过程，直到"真正"的问题本质呈现出来为止。

最初表述：对家用多媒体我们如何进行市场营销呢？

为什么？因为我们许多内部顾客都从外面购买他们的多媒体产品。

重述：我们如何不让这些内部顾客购买外面的产品呢？

为什么？因为我们应该得到授权，全权负责购买公司所有的多媒体。

重述：我们如何才能得到授权负责公司多媒体的购买呢？

为什么？因为我们要扩大我们的顾客基础。

重述：我们如何才能扩大我们的顾客基础呢？

为什么？因为我们需要很多的顾客以降低成本。

重述：我们如何才能降低成本呢？

为什么？因为我们的利润率正在下降。

重述：我们如何才能提高利润率呢？

说明：通过这些例子我们可以很明显地看出，用多种不

同的方法重述问题是说服大脑接受不同选项的发散思维
方法。重述问题总是会把大脑打开，揭示出那些我们如
果不这么做就可能忽视的重要视角和议题。

stop 继续阅读之前先停下来，用至少 12 种不同的方法重新表
述这个问题。

四、语法的重要性

在重述问题时一个很重要的窍门就是要让这些重述简单、肯
定，并用主动语态。大脑对简单、肯定和主动语态的句子比对复杂、
否定和被动语态的句子要更容易接受，反应也更快。下面笔者就
用例子对此加以说明。

1. 简单会有回报

在大都市华盛顿特区，包括弗吉尼亚人口稠密的城市和县，这
里的雇员人数在 50 ~ 1000 人、年利润在 5 万 ~ 100 万美元的私人
企业，与巴尔的摩区年利润不足 50 万美元的较大公司所购买的健康
险相比，它们购买了多少种不同的健康险？

无论这句表述多么准确和全面，要想读完这个表述也非常吃
力。它所包含的信息很可能是问题的"所有者"认为这是他想知
道的，但一定有更简单的方法对其进行表述。

2. 肯定句受欢迎

在《内在的世界》中，莫顿·亨特记述了赫伯特·克拉克和他的一名同事在斯坦福大学所做的一个实验。这个实验表明人类对否定思想的加工过程要比对肯定思想的加工过程长。实验对象在看了图 3-1 所示的卡片后，被要求尽可能快地说出每张卡上的句子是正确还是错误的。你自己也试试。他们对错误的句子作出反应的时间要比对正确句子作出反应的时间长 1/5 秒。

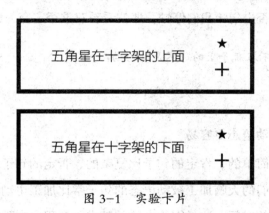

图 3-1　实验卡片

对此，克拉克和他的同事所给的解释是，"当我们要证明一个表述时，我们会本能地假设它是正确的，而且把它与事实相对应。如果它与事实相一致，我们就不再进行思考。如果它们不一致，我们就会再进一步地修正我们的假设，这就使得我们的回答稍微慢了一点儿。这也就是为什么我们验证否定句比肯定句要多花半秒或更长一点儿时间的原因。我们似乎更容易回答是什么，而非不是什么。"

这种现象很容易证明。读一读下面的句子,在两句之间稍作停顿。

球在那个红瓶里吗?

球不在那个红瓶里吗?

你感觉你的大脑在第二句结尾想理解这个句子时有短暂的混乱吗?否定句很容易让我们的大脑产生短暂的混乱。

如果否定句让我们停顿,那就看看双重否定会怎么样吧:

那个不在瓶子里的球不是红的吗?

啊?

3. 主动语态更容易

正如简单的、肯定的句子比复杂的、否定的句子更容易理解一样,我们的大脑加工被动语态的句子常比加工主动语态的句子需要更长的时间。这是因为大脑的基本语言程序在理解和形成句子时是按照主语—谓语—宾语这样一个顺序,而不是按宾语—谓语—主语的顺序进行的。孩子刚会说话的时候,他们会说"汤姆扔球"而不是"球被汤姆扔了"。当然,孩子很快就能理解被动语态的句子,但是要想这样的话,他们得首先对句子进行重新排序以区分主语、谓语和宾语。我们成年时,我们的大脑已经能够快速地形成和理解复杂的被动语态的句子了。然而,我们的大脑语言机制是像硬件一样存在于大脑中不会改变的，当一句话的宾语先出现的时候，大脑会先把宾语放到一边，直到主语和谓语出现。阅读下面的句子：

扇子是被玛丽摇的。

而理解主动语态的句子就容易得多，比如：

玛丽摇扇子。

理由是该句不需要进行重新排序，因此我们的大脑会马上理解它。

我们面对被动语态的句子时会遇到轻微的困难，这可能是大脑所固有的用因果关系的方式看问题的倾向所造成的。正因为大脑的程序会按照先看原因后看结果的顺序运行，所以面对把果放到了因前面的被动语态的句子时，大脑会不得不先把它们的顺序颠倒过来，然后再去理解句子。

问题表述的措辞看起来可能微不足道，但实际并非如此。笔者在这部分的开头说过，我们对一个问题的界定决定了我们如何对其进行分析。因此，对这个问题的表述也就非常关键，尽量用清楚、简单的话将问题表述出来也就非常重要。

第四章

决疑术二：利弊解决法

利弊解决法的 6 个步骤

整个程序只需要 6 个很简单的步骤。作为对布隆菲尔德所提出的购买半挂车而不买小货车的提议（见本书第一章，家庭冷冻食品公司决定扩大公司的运输队）进行评判的一种手段，笔者将会对这些步骤进行演示。为了让笔者的分析更加客观，笔者会考虑第 3 种方案——不再另外买一辆货车，笔者将之称为"保持现状"。

半挂车第 1 步：把所有的好处都列出来。

我们先把买半挂车的所有的好处都列出来，即你所认为的半挂车比小货车为家庭冷冻食品公司送货更好的理由。我们要努力地想，尽量要有新意。我们采用的是发散性思维。

选半挂车的好处（为什么说半挂车要比小货车好）

是小货车的载重量的 3 ~ 4 倍。

能够应付可预期的公司销量的增长。

在半挂车上做广告的效果要比在小货车上做广告的效果好。

半挂车第 2 步：把所有的坏处都列出来。

我们把所有不好的方面——半挂车不如小货车的理由——都列出来。我们不需要使劲地想，因为不好的方面想起来很容易。我们这时用的还是发散性思维。

半挂车的坏处（为什么半挂车不如小货车）

每加仑燃油的行驶里程不如小货车。

燃油费更高。

维修保养更贵。

购买的价格是小货车的 3 倍。

更浪费（半挂车不可能总是装满的）。

更难驾驶。因此，会发生更多的交通事故，对车造成更大的损害。

更难找到并留住合格的驾驶员。

债务会更多。

保险费用会更高。

向州政府和地方政府交的税会更多。

竞争对手用的是小货车扩充车队。

半挂车第 3 步：回顾、整合不利因素，对它们进行合并、
剔除。

我们对不好的方面进行整合，合并那些相似的，剔除那些多余的。
这时我们用的是集合思维。

半挂车的坏处（为什么半挂车不如小货车）

购买的价格是小货车的 3 倍。

每加仑燃油的行驶里程不如小货车。

燃油费更高（去掉，因为与"里程"一条重复）。

维修保养更贵。

更浪费（半挂车不可能总是装满的）。

更难驾驶。因此，会发生更多的交通事故，对车造成更大的
损害。

更难找到并留住合格的驾驶员。

债务更多（与"保险更贵"合并）。

保险费用更高（与"债务更多"合并）。

债务更多，保险费用更高。

竞争对手用的是小货车扩充车队（去掉，不相关）。

半挂车第 4 步：尽量使不利因素中立。

我们想一想可以做什么、能采取什么措施，是把每个不利因素都转化成有利因素还是让其中立。然后把我们所想到的每一个措施写在受影响的不利因素旁边（见表 4-1），尽量发挥我们的想象力。这时我们用的还是发散性思维。

表 4-1　半挂车的不利因素及其解决办法

半挂车的不利因素	半挂车的解决办法
购买的价格是小货车的 3 倍。	半挂车载重量更大，更有效、更赚钱。
每加仑燃油的行驶里程不如小货车。	设计更加节约成本的路线。
维修保养更贵。	设计更加节约成本的路线。
比小货车更难驾驶。	（没有解决办法。）
更多的交通事故，对车造成更多的损害。	鼓励安全驾驶。
更难找到并留住合格的驾驶员。	付给驾驶员优厚的工资。
保险费用更高。	（没有解决办法。）

我们的分析表明，我们只是不能剔除 2 个不利因素：更难驾驶和更高的保险费用。这 2 个不利的方面是公司如果买半挂车所

要面对的代价——压力。

　　我们现在对其他 2 个选项进行同样的 4 步分析：小货车和保持现状。

小货车第 1 步：把所有的好处都列出来。

在这个特殊的例子里，买小货车的好处正好就是买半挂车的坏处。

小货车的好处

购买的价格是半挂车的 1/3。

每加仑燃油的行驶里程更远。

维修保养较为便宜。

较易驾驶。

交通事故更少，对车造成的损害更小。

更容易找到并留住合格的驾驶员。

保险费用较低。

小货车第 2 步：把所有的坏处都列出来。

小货车的坏处又正好是半挂车的好处。

小货车的坏处

是半挂车载重量的 1/4 ～ 1/3。

不能够应付可预期的公司销量的增长。

在小货车上做广告的效果不如在半挂车上做广告的效果好。

小货车第3步：回顾、整合不利因素，对它们进行合并、剔除。

没有什么要合并或剔除的。

小货车第4步：尽量使不利因素中立。（见表4-2）

表4-2　小货车的劣势及其解决办法

小货车的劣势	小货车的解决办法
1/4 ～ 1/3 的载重量。	（没有解决办法）
不能够应付可预期的公司销量的增长。	（没有解决办法）
在半挂车上做广告的效果更好。	（没有解决办法）

现在再来做一下第3种方案（保持现状）的利弊。

保持现状第1步：把所有的好处都列出来。

保持现状的好处

不用花钱购买。

不要额外交税。

不需要额外的维修保养费。

不需要再请司机，因此不必增加人员服务费用。

保持现状第 2 步：把所有的坏处都列出来。

保持现状的坏处

货运量远远落后于销售量。

保持现状第 3 步：回顾、整合不利因素，对它们进行合并、剔除。

没有什么要合并或剔除的。

保持现状第 4 步：尽量使不利因素中立。（见表 4-3）

表 4-3　保持现状的劣势及其解决办法

现状的劣势	现状的解决办法
货运量跟不上销售量。	（没有解决办法。）

第 5 步：对所有可能方案的优势和不可改变的劣势进行一下比较。

现在该是分析上场的时候了，虽然直接、老套，但最为重要。我在引言里说过，统筹并不能取代分析（思考）。有效解决问题最终依赖于合理的分析。根据对家庭冷冻食品公司 3 个可选方案的利弊分析，你是决定买半挂车、小货车还是保持现状，就统筹方法的效验而言都不重要。利弊解决法把问题的所有要素按照逻辑的方法组织起来，发挥了作用，这样就使得每一个要素得到单独的、系统的、充分的分析。

第6步：选择一种方案。

为给下面的练习做好准备，我们来回顾一下利弊解决法的6个步骤。

（每一种方案都要经过第1步到第4步。）

第1步：把所有的好处都列出来。

第2步：把所有的坏处都列出来。

第3步：回顾并整合不利因素，合并或剔除。

第4步：尽量让不利因素中立。

第5步：对所有的可能方案的优势和不可改变的劣势进行一下比较。

第6步：选择一种方案。

∷练习4-1 兼职／全职雇员

运用利弊解决法来分析这样的一个问题：新开的小企业的员工是否应该完全由兼职或全职的雇员构成。运用你想象中的企业或一个你熟悉的企业作为分析对象。把你的分析限定在2个选项之内。通过6个步骤的分析，最后就企业应当采用哪个方案提出建议。不要因为你需要更多的事实，或者因为你没有这方面的知识或经验而担心你不能对这种类型的问题作出合理而专业的判断。这个练习的目的就是要你使用这个方法，因此你只要按照步骤，运用你的任何知识和经验都可以。如果你愿意，你还可以编造"事实"来更好地完成练习。注意：这里没有正确答案。

stop 继续阅读之前先停下来，运用利弊解决法分析员工方案并提出建议。

:: 练习 4-2　企业选址

你们家附近将要建一家快餐连锁店。为快餐店选 3 个完全不同的地点，用利弊解决法分析这 3 种方案，决定哪一个地点对快餐店公司来说最赚钱。这仍然是纯粹的练习，所以要运用你的知识和经验，需要的话还可以编造"事实"。记住：这里没有正确答案。目的就是要教你使用这一方法。

stop 继续阅读之前先停下来，运用利弊解决法分析一下 3 个地点中哪个最赚钱。

利弊解决法可以用来分析任何问题，也可以对分析过程中的任何一点加以使用。先用这个方法分析简单的问题，掌握其要领，建立信心。比如，下次你选择饭店时，用利弊解决法对每一家饭店进行一次快速分析，然后作出选择。这样很有趣，也很快，最重要的是有效。试试吧，你会喜欢的！

第五章

决疑术三：发散 / 集合思维

发散思维的 4 条法则

1. 观点多多益善

这条戒律很明显，也从不会给任何人带来麻烦。它说明数量比质量更重要，因此要一个接一个地想出新观点，越多越好。没有人会反对这一点吧？

2. 把一个观点建立在另一个观点之上

集思广益的力量在于整个过程是自由的、自然的：一个观点很快会促生一个又一个观点。鼓励与会者大声说他提出的建议是"建立"在别人的主意之上的。这个声明是对别人的一种赞扬和夸奖，也表明了不同观点之间是有联系的。这就推动了整个分析的过程。

3. 怪异的观点也可以接受

疯狂、怪异的观点有助于我们打破传统思维,把我们引向新的、务实的观点。怪异的观点还会引发幽默,这会让我们紧绷的大脑神经得到放松从而产生更多新的观点。但这条戒律让很多人不理解。传统的观点认为"新"观点一定要合理、有益、务实……而不是幼稚或愚蠢。但"幼稚"和"愚蠢"是主观性的词语,这些新观点一旦不符合他们所认为的狭义上的无风险标准——理智、合理、有益、务实,他们就很容易给新观点扣上这样的帽子。其实人们感觉无法接受的不是一个观点幼稚或愚蠢,而是感觉提出这种观点本身就让人看起来很幼稚或很愚蠢。要知道,我们都是害怕被批评和嘲笑的。

4. 黄金法则: 不要对观点进行评判

不要评判自己的观点,更不要评判别人的观点。这条法则能使人们在想办法的时候从自我限制中解脱出来。禁止对各种观点进行"评判"排除了批评与嘲笑的可能,这样就会驱除人们的担心,并反过来解放我们的大脑。毕竟,在讨论阶段,观点是否有效并不重要。

我们来做一个练习看看你对发散思维的第4条法则运用得怎么样。

∷练习5-1 自行车道

阅读下面的这篇文章:

自行车道变成了讨厌的街道

蒂帕·戈尔成为日益紧张的关系和大头钉的受害者之一

昨天上午,在北弗吉尼亚一条繁忙的自行车道上,骑自行车的人受到了大头钉的困扰,许多自行车车胎都被扎了。这使得骑自行车上班的人和运动的人的行程受到了影响,副总统夫人也是受害者之一。

这条自行车道并不让人高兴,这样的事情已经不是第一次发生了。

在过去的2周里,有人不断地在弗农山自行车道上撒大头钉。据一家自行车店估计,这至少造成300～500辆自行车车胎被扎。权威部门相信,肯定是有人对骑自行车的人不满。

这条拥挤的车道长30千米,沿着波拖马可河一直向前……今年春天,行人们已经在这条沥青路上发生了不计其数的口角,步行者、骑自行车者、慢跑者以及溜滑板的人都曾"深受其害"。

昨天的受害者中就有蒂帕·戈尔,她在北部的亚历山大老镇里骑行时车胎被扎,好在当时她的旁边有美国特勤局的人员陪同。"这很危险,尤其是对孩子来说。"这位副总统夫人事后说。

其实,许多常从这条道上走的人都这么说,即使是在没有大头钉的时候,因为这条路上的自行车太多。

不同的人群之间"关系非常紧张"，一位经常骑自行车往返于他的家（弗吉尼亚）与他位于华盛顿的办公室的人说。

他说他在这条路上见过两车相撞，见过激烈的争吵，甚至见过有人打起来。"许多人不了解这条路上的规则，"他说，"这里需要加强管理。"

春天，尤其是在工作日，车道上挤满了来来往往的人们，挤满了夜晚和周末乘车度假的人。据国家公园部统计，一个晴朗的周末，至少有2500人会用到这条道路。

许多骑自行车的人认为这条狭窄的道路是他们的，毕竟，它叫弗农山自行车道。跑步者和散步者则称他们同样享有使用这条路的权利。近些年来，溜滑板的人更是增加了这条道路在混合使用时的危险性。

一个妇女经常在这条路上跑步。她说，一个无经验的溜滑板者，从一边滑到另一边，会占用车道两边大部分空间。"骑自行车的人和跑步者也很危险，"她说，"去年夏天，我就被撞倒了，就是被一群跑步的人撞的。"

一些车道使用者说，往返上班的人和赛车的人是最危险的。"下坡时，他们速度能达到40～50千米/小时，"一位男士说，"这使得老人们几乎不能走路。"

车道使用者和美国公园警察部估计，那些大头钉可能是那些对骑自行车者心怀怨恨的人撒的。"可能是某一个心怀不满的人要对这些骑自行车的人进行报复。"一位骑自行车上下班的人说。

据他自己称，他的自行车在过去的2周内已经被扎了6次。

"工作日期间，针对这些上下班骑自行车的人的大头钉可能会更多。"一位公园警察部的下士说。据他说，当他们在路上发现小的大头钉时，他们会安排在路上执勤的人把这些钉子清扫掉。

大部分自行车被扎事件都发生在丹哥菲尔德岛的航海码头附近，位于国家机场和老镇（亚历山大）之间，但是据说向南远至弗农山的这一带也曾发生过。

"在过去的几周里，至少有300～500辆自行车被扎。"亚历山大镇镇角自行车店的老板说。这位店主出租自行车和滑板，自认为是一个"滑板爱好者"，他鼓励这些溜滑板的人到一个好点儿的、大的停车场去享受这一运动。

"这条路上已经发生了一些令人不愉快的交通事故，"美国公路跑步者俱乐部的执行董事说，"人们之间连最起码的礼貌都没有。"但亚历山大镇的一家自行车店则有点儿例外。据大轮自行车店的经理说，昨天他们店在为蒂帕·戈尔补胎的时候没有收她的钱。他说他上2周生意很好，他把为别人修理自行车当成是一种公共服务。

运用我所说的发散／集合思维方法来分析文章中所说的情况。这一方法包括3步。第1步，（根据4条法则）在纸张上把你能想到的可以解决骑自行车的人所遇问题的方法都列出来。

stop 继续阅读之前先停下来。在一张纸上把你所能想到的方案都写下来。

把你的想法与笔者所列出来的进行比较（看附录练习 5–1 答案的问题 1）。

在进行了发散思考以后（也就是才思枯竭以后），下一步就是要剔除不切实际的想法、合并相似的想法，以进行集中。现在我们就处在集中状态下。

stop 继续阅读之前先停下来，剔除并合并你的想法。

练习 5–1 的答案的问题 2（见附录）显示了笔者是怎样剔除并合并自己的想法的。笔者通读了这列表后，觉得它们可以分为 6 大类：制定和加强规则条例、惩罚犯规者、物理建设、加强管理、清除大头钉、促进礼貌与安全。第 7 "类" 则是那些不切实际的、将要被剔除的想法。

第 3 步（再次在整合状态下），我们选择那些感觉上实用的、有发展希望的想法。

stop 继续阅读之前先停下来，选择实用的、有发展希望的想法。

笔者选了一类想法（练习 5–1 答案的问题 3，见附录），把它们聚在一起能够组建一个短期项目，通过公众呼吁、强制执行车道使用管理法规以及对违规者的轻微惩罚来扭转形势。笔者还选了一个长远的办法：拓宽车道，然后分出几道，给每群用户一条单独通道。同时，笔者还修正了（进一步发展）几个想法。这些修正是不断发散思维的成果。正如笔者所说，我们应当准备把发散思维和创造性思维贯穿于分析过程的始终，直至最后。

尽管对实用的、有发展希望的想法的选择包括发散 / 集合思维，但你还可以采取进一步的有效步骤——对每一个所选的想法都用利弊解决法来检验其优缺点和评估其可行性。这一步也为修正、提高和调整想法提供了机会。

∷ 练习 5–2　使用复印机的骗子

在你工作的公司，另一部门的人经常未经许可使用你们部门的复印机，所以你们的复印机经常被占用。更令人恼火的是，那些其他部门的闯入者常常不装纸、不换墨盒、不把堵在机器里使之不能工作的纸拿走，也不汇报机器的问题。需要声明的是，那个部门其实是有他们自己的复印机的，只不过是在楼上，因为使用你们部门的机器更方便一些。下面，请你使用发散 / 集合思维技巧，找到一些实用的、较好的办法来制止这种侵犯行为。再次重申一下，这 3 步如下。

第 1 步（发散）：集思广益。

第 2 步（集合）：剔除并合并。

第 3 步（集合）：选择出实用的、较好的办法。

stop 继续阅读之前先停下来，运用发散／集合思维找到实用的、有发展希望的校正方法。

在此再概略地重复一下前文所说的发散思维倾向。我们应当训练自己，当我们在分析问题的时候，随时准备从正常的集合模式转换到发散模式，然后再转换回来，并从发散思维中汲取新的想法。有时候，发散／集合思维也许仅能使你获得一个新的想法，但这个想法对分析问题、解决问题通常是很有用的，甚至是非常关键的。常常地，当你在同某人讨论问题的时候，你会运用发散思维模式。但你知道，如果你不告诉他你在进行思维转换，他会难过，认为你心不在焉得厉害，或认为你对提出来讨论的某个想法太较真了。而事实上，你只是在检验自己的分析水平而已。因此，当你突发奇想的时候，应该告诉他们，笔者建议你这么做。

第六章

决疑术四：因果流程图

一、因果流程图制作的 5 个步骤

要界定和分析一个问题的因果关系体系需要以下 5 个步骤。

第 1 步：找出主要因素。

第 2 步：找出因果关系。

第 3 步：把因果关系分成正比或反比关系。

第 4 步：把这些关系用图的形式表示出来。

第 5 步：作为一个统一体分析这些关系。

我们依次进行。

第 1 步：我们把主要因素——造成问题的发动机找出来（注意：在因果流程图中我们主要关心的是动态的因素，也就是那些变化的因素）。我们考虑一下一家典型的大型制造企业的主要因素：销售，利润，研发，新产品的推广，竞争对手的可比产品推广（这当然是一个经过简化的介绍，它还包括许多其他因素，但笔者只是用这 5 个步骤来演示一下这个方法）。

第2步：找出这些因素的因果关系。要做到这一点，我们要运用一个两栏的"因果关系图"（见图6-1）。在左边这一栏里我们列出原因因素，在右边一栏里我们列出受影响的因素，我们在它们之间用箭头表示。

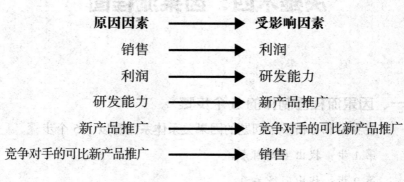

原因因素	➡	受影响因素
销售	➡	利润
利润	➡	研发能力
研发能力	➡	新产品推广
新产品推广	➡	竞争对手的可比新产品推广
竞争对手的可比新产品推广	➡	销售

图 6-1　因果关系

说明：销售影响利润；利润影响研发能力；研发能力影响新产品的推广；新产品的推广影响竞争对手可比新产品的推广；竞争对手的可比新产品的推广影响销售。

第3步：把因果关系分成正比关系或反比关系。如果受影响因素随着原因因素的增加而增加，随着原因因素的减少而减少，那么它们就成正比关系（见图6-2）。

图 6-2 受影响因素与原因因素的正比关系

如果情况相反，受影响因素随着原因因素的增加而减少，随着原因因素的减少而增加，那么它们就成反比关系（见图6-3）。

图 6-3 受影响因素与原因因素的反比关系

我们用"D"表示正比关系，用"I"表示反比关系（见图6-4）。如果受影响因素是静态的，也就是说并非动态的，像"死亡"或"失业"，我们就不用符号表示。

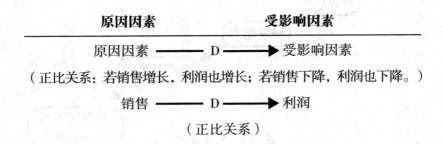

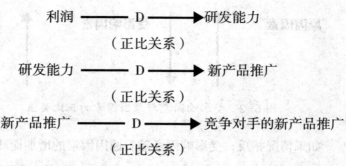

利润 ——— D ———▶ 研发能力

（正比关系）

研发能力 ——— D ———▶ 新产品推广

（正比关系）

新产品推广 ——— D ———▶ 竞争对手的新产品推广

（正比关系）

竞争对手的新产品推广 ——— I ———▶ 销售

（反比关系：若竞争对手增加可比新产品的推广，销售就下降；若竞争对手减少可比新产品的推广，销售就会上涨。）

图 6-4　因果流程受影响因素关系

第 4 步：我们在一个因果流程图中表示这些关系（见图 6-5）。建议在每一个因素的周围画一个圈以突出显示它们，突出它们的不同之处。

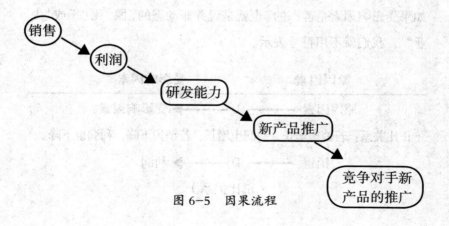

图 6-5　因果流程

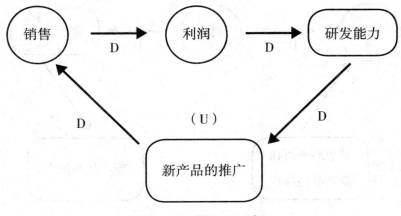

图 6-6　不稳定的回馈环

　　任何因果关系图中最强的驱动力就是所谓的回馈环，其中 2 个或 2 个以上的因素循环相连，并不断作用。回馈环的行为很重要，也可预测。如图 6-6 所示，如果所有的关系都是正比关系，或者成反比的关系有偶数个，那么这个环天生就不稳定，并最终会失去控制——向 2 个方向都有可能。比如销售增加，利润就会增加，研发就会增加，新产品的推广就会增加，并进一步引起销售的增加等。我们用（U）表示一个不稳定的回馈环，它就是一台驱动整个因果体系的发动机。

　　如果成反比的关系有奇数个，如图 6-7 所示，那么这个环本身就很稳定，并会在某一点上实现平衡。比如如果销售增长，利润也增加，研发能力也增加，新产品的推广也跟着增加，但随着竞争对手对可比新产品的推广增加，销售也会下降。而当销售下

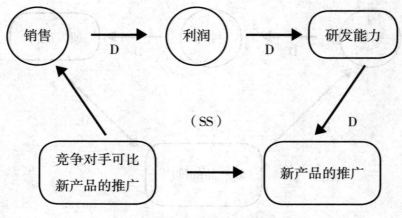

图 6-7 稳定的回馈环

降，利润、研发、新产品的推广也会跟着下降；而随着竞争对手对新产品的推广的减少，销售却增加。因此，因果流程相互作用，是呈循环式增减的。我们可用"（SS）"表示自身稳定的回馈环，它是控制和调节因果体系的主管。

第5步：最后一步，我们把系统行为作为一个整体加以分析，努力找出哪些最有影响力的因素。问题发生时，我们分析哪一个因素产生了这一问题，如何才能通过修改或剔除已有因素，或引进新的因素来解决问题。

验证我们是否已经准确地描述了因果关系的方法之一（类似于健全测试）就是在任何一个因素上加上一个值＋1，然后看一下这个增量如何影响作为一个整体的体系。我们在图6-7上试一下这种方法，从"销售"开始。

如果我们把"销售"值加1，"利润"的值也会增加1，因为两个因素之间存在着正比关系（第一循环，见表6-1），同时"研发能力"也增加了1，"新产品推广"和"竞争对手的可比新产品推广"也随之增加了1。但在第二个循环中，因为与"竞争对手的可比新产品推广"存在反比关系，所以"销售"值减少了1。这一减少引发了一个新的循环，它其中的每个因素的值都减少了1，这就使得第三个循环里的"销售"值增加了1，引发了又一个循环。这些循环表明，每个因素的值都在正负之间来回变动，而这正反映了这个回馈环的自身稳定性。

表6-1　增量对循环体系的影响

	第1个循环	第2个循环	第3个循环
销售	+1	−1	+1
利润	+1	−1	+1
研发能力	+1	−1	+1
新产品推广	+1	−1	+1
竞争对手的新产品推广	+1	−1	+1

:: 练习 6-1　停车场

为下面的情况构建一个因果流程图，用"D"或"I"分别表

示因果关系的正比或反比关系，把回馈环分成不稳定型（U）和
自身稳定型（SS）两种。

　　为了增加客户数量进而提升销售量，一家位于大城市郊区的
大型购物中心扩大了该购物中心位于地铁站附近的停车场，使得
往返于这个城市与其他地方之间的人能够经常使用这个停车场。
但是，由于那些不在该购物中心购物的往返者也会把车停在新停
车场里，这大大减少了购物者可使用的停车位。结果，销量的微
弱增加并没有弥补建设的成本。为此，购物中心不得不又扩建了
停车场，但是往返者还是占用了停车场的大部分停车位。

stop 　继续阅读之前先停下来，准备一个关于停车问题的因果关
系表和因果流程图。

　　练习 6-1 的答案（见附录）给出了这些因果关系中的一种。
随着购物中心为公众设置的停车位的增加，不购物的往返者占用
了更多的停车位（正比关系），购物者所能使用的停车位反而下
降（反比关系），购物中心店铺的销量下降（正比关系），新建
的公众停车位增加（反比关系）。这是一个不稳定的回馈环，表
示问题在最终达到危机阶段之前将持续恶化。

:: 练习 6-2　阿尔贡纳污染（2）

　　把"阿尔贡纳污染"问题的动态因素按 2 个阶段绘制成因果

流程图。首先，准备一张因果关系图，把所有的主要因果都列出来，标明它们之间是如何相互作用的，把它们之间存在的正比或反比关系表示出来。其次，构建因果流程图表示这些关系。

stop 继续阅读之前先停下来，准备一个关于阿尔贡纳污染问题的因果关系表和因果流程图。

练习6-2的答案（见附录）给出的是笔者个人的理解。从"有毒废水"直到"阿尔贡纳管理层采取的正确措施"，每个主要的动态因素之间相互作用，前一个与后一个之间成正比例关系。而"阿尔贡纳管理层采取的正确措施"和"有毒废水"之间却是反比关系。因此，这是一个自身稳定型的回馈环。让阿尔贡纳管理层采取正确措施净化废水的压力越大，该管理层采取的正确措施就会越多，废水的排放量就会越少，而废水越少，污染就会越小。

:: **练习6-3　索马里饥荒**

试着画一张索马里1983 ~ 1984年的饥荒图。

问题1：考虑4个主要因素，即饥饿，媒体报道，外国援助，军阀从外国援助中大发横财。把这4个主要因素联系起来，构成一个回馈环，用"D"或"I"来表示4个因素之间存在的正比或反比关系。这张图显示的是一个稳定的环还是不稳定的环？

stop 继续阅读之前先停下来，在一张纸上画一个因果流程图，把 4 个因素联系起来。

问题 2：对图进行修正，加进 3 个额外因素：

援助工作者的存在

军阀军队对援助工作者的暴力攻击

美国的军事存在

找出尽可能多的回馈环，指出这些关系中哪些是正比关系，哪些是反比关系。加进来这 3 个额外因素之后对这一情形的总体影响是什么？

stop 继续阅读之前先停下来，对流程图进行修正。

练习 6-3 问题 1 的答案（见附录）给出了你应当画出的表。由于所有的关系都是正比关系，回馈环是一个不稳定环，而且根据其历史显示，无法控制。该图显示由于饥饿人数增加，媒体的报道也随之增加，从而促使外国援助增加、军阀获取暴利，导致进一步的饥荒，更多的媒体报道，等等。

有无数方法来表示这些因果关系。练习 6-3 问题 2 的答案表明了索马里的形势。这个流程图给出了以下 4 个因果流程。

自身稳定型

饥荒
　　媒体报道
　　　　外国援助
　　　　　　饥荒

饥荒
　　媒体报道
　　　　外国援助
　　　　　援助工作者存在
　　　　　　军阀攻击援助工作者
　　　　　　　美国军事存在
　　　　　　　军阀获取暴利

军阀攻击援助工作者
　　媒体报道
　　　　外国援助
　　　　军阀获取暴利
　　　　　　饥荒

图 6-8　稳定型因果流程

自身不稳型

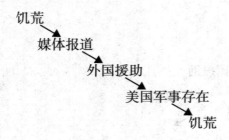

图 6-9　不稳定型因果流程

注意，外国援助和美国军事存在与军阀获取暴利存在着反比关系。这对于军阀获取暴利和整个局势有稳定的作用。然而，美国驻索马里维和部队士兵的死亡人数增多最终导致美国撤军。你如何来画"美国军队伤亡"这一因素呢？

 继续阅读之前先停下来，对流程图进行修订。

问题 3（答案见附录）给出了笔者是如何画"美国军队伤亡"相关的因果流程图的。由于军阀攻击的增加，美军伤亡增加，导致美国军事存在的减少（士兵的死亡导致美国大众与国会对政府的索马里政策的强烈不满，进而促使美国最终撤军）。美军的减少使得当地军阀更加有恃无恐，他们对援助工作者和美国军队的攻击更加频繁，引发进一步的伤亡。这是一个不稳定的回馈环。

二、因果流程图概述

因果流程图对于一名解决问题的分析者的作用就像是拆解手表对于手表修理师一样。修理师把手表的所有零件都放在他的工作台上，这样他就能：①了解表的内部构造以及每一个零件与其他零件之间的相互作用；②找出到底是什么原因导致手表不能正常运转的；③找出修理手表的方法。

同样，一个因果流程图可以构建起一个可视的框架——一种结构，让我们能够在这个框架里分析一个因果关系体系。

这个流程图的作用如下。

■ 找出了推动整个体系的主要因素，找出了它们之间的相互关系，以及这些因素之间是正比关系还是反比关系，或者构成回馈环。

■ 使我们能把这些因果关系看成一个统一的整体，发现那些过去认识很模糊或者根本就不知道的联系。

■ 有助于我们确定问题的主要原因。

■ 让我们能够想出其他可能正确的措施并估算出它们每一个的可能结果。

因果关系流程特别有助于发现不同分析师是如何看待同一问题的。如果每一名分析师所构建的图代表了因果流程体系，并把这个图交给别人研究和比较，那么接下来的讨论就会很快清楚地揭示他们的认识有何不同、不同在哪些地方、他们各自的隐含假设是什么。这一知识将大大提高对问题的认识以及对可能方案的认识。

因果关系流程当然是一种模式，可以按照分析师的意愿或简单或复杂。笔者喜欢把这些图画得简单一些，只要能了解起主要作用的因素是什么就可以了。如果弄得太复杂了，虽然有趣，甚至让人很高兴，但也有可能适得其反，使分析师注意到一些细微的因果关系，而这些关系虽然可能很准确（但也可能不准确），却只会使整个图变得更复杂、更模棱两可。

记住，画图的主要目的是要为分析主要的驱动因素建立一个基本的构架，而不是精确复制问题的所有动态因素。我们想要的是找到可能的方案。一旦我们找到了这些方案，这个图也就起到了它应有的作用，可以寿终正寝了。

另一方面，如果你需要用一个图来详细显示问题的内部构造，表明整个体系如何适应某一个因素或几个因素一起产生的变化，笔者建议你参考运筹学领域的文献和培训课程。

第七章

决疑术五：决策 / 事件树形图

一、何为决策 / 事件树形图

另一种非常好的统筹方法，笔者称为"决策 / 事件树形图"。决策 / 事件树形图是一种在不同的顺序或一系列事件的不同节点形象地显示选择与选择结果的图形。每一种顺序或每一系列的事件都是一个单独的序列。

弗兰克·斯托克顿（Frank Stockton）的著名故事提出了一个艰难选择——"女人或老虎"。在这个故事里，一个男人必须要在两个门里作出选择，一个门通向一位美丽的女人，而另一个门则通向一只吃人的老虎。故事里的这个艰难选择能非常好地说明什么是决策 / 事件树形图（见图7–1）。

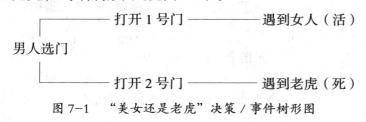

图 7–1 "美女还是老虎"决策 / 事件树形图

这个树形图描绘了两个可选择的情景，或者说是事件的顺序。

情景 A：选门—打开 1 号门—遇到女人（活）。

情景 B：选门—打开 2 号门—遇到老虎（死）。

这个例子说明了一个决策 / 事件树形图的以下两个永恒的、普遍的特点。

■ 树形图的枝干是相互排斥的。也就是说，如果参与者（作选择的人）选了 1 号门，他就不能再选 2 号门了。如果他选了 1 号门，他遇到的是女人，而非老虎。

■ 枝干都很详尽。也就是说，每一枝干的选择对象都包含了所有可能，在这个顺序或情景中的某一点上没有其他可能（其他决策或事件）。以"女人和老虎"为例即没有第 3 号门，这两道门后面除了女人和老虎再也没有任何其他东西。

这还有个决策 / 事件树形图的例子（见图 7-2）。买件东西，买一件雨衣 / 一把雨伞，留下它 / 退还它都是决策和事件，但是挡雨 / 漏雨是事件，不是决策。

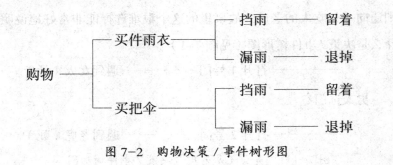

图 7-2　购物决策 / 事件树形图

通过检验另一个例子，我们重温一下建立和使用决策／事件树形图时涉及的原则。这个特殊的图描绘了一个女人和一个男人相亲后可能作出的公认的过于简单的决策／事件（见图 7–3）。树形图的每一枝干代表了相互排斥的可供选项（如果我们选了一个，就不能选另一个）和详尽的可供选项（所有可能的选项都考虑到了，再也没有其他可能性）。图 7–3 代表了总共 5 个可替换的情节。

- 相亲—不再同他约会。
- 相亲—再次约会—停止约会。
- 相亲—再次约会—订婚—解除婚约。
- 相亲—再次约会—订婚—结婚—离婚。
- 相亲—再次约会—订婚—结婚—保持结婚状态。

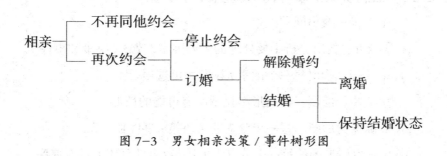

图 7–3　男女相亲决策／事件树形图

注意，每一枝干的末端都标志着一个情节的结局，共计 5 个结尾、5 个情节。

通过形象地展示一连串决策／事件的要点，决策／事件树形图使我们能够对问题进行统筹分析，这是其他方法无法做到的。

■ 它把一个情形分解成一系列事件。

■ 它清楚地表明了因果关系，表明哪些决策和事件在其他的决策和事件之前或之后。

■ 它表明哪些决策或事件取决于别的决策或事件。

■ 它表明了哪些关系最强，哪些关系最弱。

■ 它让我们能够直观地比较一种情形是如何不同于另一种情形的。

■ 最重要的是，它揭示了我们有可能看不到却可能存在的选项，让我们能够对它们进行分析——单独地、系统地、充分地。

二、绘制决策/事件树形图的4个步骤

第1步：找出问题。

第2步：找出分析中要处理的主要因素/议题（决策和事件）。

第3步：指出每一个因素/议题的可选项。

第4步：绘制一份树形图显示所有可能的情形。

a. 确保树形图的每一个分支上的决策/事件独一无二。

b. 确保树形图的每一个分支上的决策/事件总体上没有遗漏。

一份决策/事件树形图确实是一个强大的分析工具。让我们用一个练习来演示一下它的威力。

:: **练习7-1 执行领导会议**

绘制一份决策/事件树形图，把下面问题中所有要考虑的情形都包括进来。

一家大公司的管理人员计划在3个地点中的1个举行一次执行领导会议。会议的选址在很大程度上取决于与会人员能够参加的娱乐活动。3个地点都在考虑之列。其中一个地点提供山地徒步旅行，另一个提供游泳和沙滩日光浴，第3个提供历史名城旅游。这些人分别有2座不同的山、2片不同的沙滩、2座不同的城市可供选择，他们必须决定会议是要开2天还是3天。

 继续阅读之前先停下来，绘制一份决策/事件树形图。

练习7-1的答案（见附录）给出了两个可能的树形图，它们把所有可能的情形都展示了出来。要是没有树形图，多数人员将会就选择哪一个地点进行商量，更有可能的是争论。他们会在可能的选择面前犹豫不决，一些选择会比其他选择受到更多的青睐，而另一些则会被完全忽视。讨论将会毫无章法，因此很容易陷入笔者一直在提的人类推理的误区。

一份显示在屏幕上的决策/事件树形图会让所有的人立刻看到一个能有效讨论的简单的或者说并不复杂的方法，这样就会确保所有可能的方案都被给予充分的重视。一些方案当然可能因为不好而被立刻排除掉，但即使是这样也值得我们认真地（即使是暂时的）考虑；其他选项需要更长时间的思考。决策／事件树形图有助于让所有的成员都把他们的注意力集中在单一的决策或事件上。由于可以直观地集中于一个决策或事件，这有助于大脑集中思考。记住：大脑天生喜欢集中。集中会让所有人员都能对可能的会议地址的分析更加容易。

在他们开始讨论会议的选址问题时，让我们来了解一下这些人都是做什么的。德洛丽丝，公司人事部主任，主持会议。"在我们讨论会址之前，"她说，"我们先来讨论一下这次会议是开2天还是3天。会议的持续时间可能会影响我们对于地址和娱乐形式的选择。"

小组讨论了会议长短的相对重要性，决定会议持续时间的长短应当完全取决于讨论议事日程上的所有问题所需要的时间，而娱乐活动是次要的。

"如果这样的话，"精通统筹分析方法的德洛丽丝说，"我们就用这个树形图来引导我们的讨论。"她把一张印有方案第1章的幻灯片投射到了大家面对的屏幕上。

她深知利弊解决法很适合这次讨论，于是德洛丽丝问参与讨论的人："2天的会议有什么利弊？"小组成员很快找出了12个有利的方面和很多不利方面，然后他们想到了抵消不利因素的几种办法。德洛丽丝把所有的条目都列在了活动挂图上。

"2天的时间就已经足够进行一次不错的徒步旅行了。"汤姆说，他是一名户外活动的积极分子。

"我保证时间足够，"德洛丽丝微笑着说，"但我们还是集中讨论一下会议是开 2 天还是 3 天这个话题。我们待会儿再讨论徒步旅行的问题，好吗？"

"没问题。"汤姆答道。

德洛丽丝现在转移焦点："如果开 3 天的话，会有什么利弊？"

小组成员又列出了有利和不利的方面，并想出了排除不利因素或使其中立的几种方法。

"所以，"德洛丽丝说，"看来大家都一致支持 3 天了。"成员们都点头表示同意。"好的，让我们剔除 2 天这个选项。"所有成员都看着屏幕，她用一只大的黑色记号笔在幻灯片上勾掉了树形图上标有"2 天"的分支。

"正如你们看见的，有 3 个地点可供选择。1 个在山上，1 个在海边，还有 1 个在城市。我们先来讨论一下会议期间把在山上徒步旅行作为主要的休闲方式。"

"A 山是徒步旅行的绝佳选择，"非常支持这个选项的比尔说，"我已经去过很多次了。我们可以……"

"请保留那个想法，"德洛丽丝打断他说，"这听起来是个好想法，但首先我希望大家能集中注意力在我们正在处理的 3 种基本休闲方式上。"

"好的，"比尔说，"稍后我将保留对 A 山的支持。"

"好的。现在我们考虑一下徒步旅行的利弊吧。"

参加者们很快想出了徒步旅行对那些将要参加会议的经理们

的吸引力和制约力。其中一个主要的不利因素就是在规定开会的几天，天气预报说阴天有雨。"观光，"乔治说，"在那样的天气里更合适。老话不是说……"

德洛丽丝再次打断他："抱歉，乔治，我们还是把观光的讨论推迟一下吧，直到我们对徒步旅行和游泳休闲方式想尽了办法。我们一会儿再谈观光，到时再请你发表对天气的看法。谢谢。"

于是小组首先把注意力转向了游泳和太阳浴，然后是观光，讨论了它们每一个的利弊，想出了各种可行的办法消解不利因素。

"好了，那么，"德洛丽丝说，"考虑了每一个休闲方式的利弊后，观点似乎倾向于游泳和太阳浴。谁不同意？"所有成员都摇头。"好吧，我们先排除徒步旅行和观光。"所有成员都再次看着屏幕，德洛丽丝勾掉了树形图枝干上的"徒步旅行"和"观光"。现在留下讨论的只有"海滩 A"和"海滩 B"了。在对两者各自利弊的简单讨论后，大家一致决定排除海滩 B。这样，工作人员们就选择了海滩 A 开为期 3 天的会议。

如果没使用树形图，德洛丽丝想通过排除考虑中的其他选项而一次把所有成员的想法都集中到一个选项上就会非常困难。树形图使得成员们能够分别地、系统地、充分地考虑每个选项，通过直观地排除那些不合会议需要的选项来缩小选择范围。

我们人类在识别一个决策或问题的主要因素时往往会有很大困难。对这种技巧还不熟练的人往往会放入一些次要的、不合逻辑的事物，而它们的作用只会使树形图变得过度复杂化。在绘制决策/事件树形图的过程中，这种倾向尤其明显。在下面的练习中，你可以看到自己在识别主要因素方面做得怎么样。

:: 练习 7-2　证券投资（1）

绘制一份决策/事件树形图解决下面的问题。

你的公司计划投资一大笔钱在股票和基金上。有 3 种选择可以考虑：高风险、高回报的股票（HI–HI），中风险、中回报的股票（MED–MED），无风险、低回报的基金（NO/LOW）。向前看，公司预见了将会影响这 3 种投资机遇的活力与收益的 4 种发展：战争或和平，繁荣或衰退。

 继续阅读之前先停下来，绘制一份决策/事件树形图。

练习 7-2 的答案（见附录）是树形图的一个说明。那些因为觉得太复杂而拒绝在地上使用这种统筹技巧的人总是令人感到可笑。他们是不是认为在头脑中分析这个问题就不那么复杂了呢？事实是，如先前提到的（不得不重复这一点），人脑不喜欢被框住，它更喜欢做份自由的精神工作，所以总是情不自禁地从一个想法跳到另一个想法——纯粹只是浪费时间。这带来的必然结果是，上面树形图描写的一些情节永远不会被考虑。这正是人类解决问题时的弱点，而这本书中的统筹技巧就弥补了这一点。

你也许会想，一个人怎么用这个树形图去分析和决定哪一个投资选择是最好的呢？对于这一点，会在后文中解释。而现在，让我们先集中在绘制树形图本身的技巧上吧。我们来做另一个练习。

:: 练习 7–3 不满的员工

　　某家大工厂的一位中年员工被解雇了，据称是由于主管对其工作表现不满意。一周后，他带着一支自动枪回到工厂，射死了这位主管。于是这位雇员被捕了，被控谋杀。他辩护说自己是无辜的，因为自己是一时精神错乱。3 个问题决定了对他的审判：①他是否生来有暴力倾向；②所谓主管对他残酷的、毫无根据的对待是否使他精神错乱了；③从他抓起枪的那一刻到他射死主管，他是否处于狂乱状态，以致他意识不到自己的行为，不能分辨对错。画个决策／事件树形图来代表这 3 个问题。

stop　　继续阅读之前先停下来，绘制一份决策／事件树形图。

　　练习 7–3 答案的问题 1（见附录）给出的是笔者绘制的树形图。尽你所能用"是"和"不是"作为主要因素下面的分支。用"是"和"不是"来表示就把树形图的语言简化了，也说明实际上几乎总有不同选项的存在——从"是"到"不是"，从"不是"到"是"，但我们经常忘记不同选项的存在。把主要因素按一定的顺序排列在树形图上会有利于我们的分析，会使主要因素更加突出，从而显示出主要因素的关系顺序。

这个图所做的就是统筹方法要做的：它把问题的诸元素有组织地分离开来，这让我们能够对每个元素进行区分和分析；它让我们能够一眼看到所有可能的情形。绝对没有别的方法能做到这一点，想在脑子里做到这一点就更不可能了。

不论我们是辩护律师还是原告，这个图都能作为我们的策略指导，告诉我们——无论对我们有利还是不利的证据是什么——我们的优势和弱点在哪里。

解决雇员的暴力倾向（倾向于使用暴力）问题对双方来说都至关重要，因为2种情况下的任何一种都会排除4种情形或树形图的一半。事实上，被告辩护律师证明了被告性格安静、平和，遵守法律，一般不倾向于使用暴力。所以，在这一点上树形图可以像问题2（见附录）一样被进行修改。

接着，被告辩护律师展示了有力的证据证明主管对待员工极为粗暴，总是无端找碴，说这可能导致了员工短时间内情绪失控。这样一来，树形图就可以像问题3（见附录）一样被进行修改。

现在，判决就围绕在被告辩护律师是否能说服陪审团事件发生时该员工确实情绪失控，以致他不能清醒地认识自己的行为、不能辨别是非上。最后，陪审团被说服了，所以判被告无罪。

:: 练习 7-4　工人调查

这个问题要比前面3个问题更难用树形图表示，因此要灵活处理，尝试使用不止一种设计。笔者通常要 3～4 次来用树形图表示一个复杂问题。我们的目的同使用统筹方法来解决的其他的每一个问题一样就是要绘制一份树形图以便于我们对问题的分析。不同的树形图会对问题产生不同的理解。到底哪一个树形图"最好"完全取决于分析者想要作出什么样的决定。阅读下面的文章并绘制一份决策/事件树形图来说明与整个情况的一些重要方面有关的可能的情形。

为了探索相互了解的方法，主要的调查显示多数工人如果不是想加入工会的话，也想要争取合作和对工作的发言权

弗兰克·斯沃波达

《华盛顿邮报》特约编辑

如果说多数美国工人不想加入工会，也不信任他们的老板能够维护他们的利益的话，那么他们想要什么呢？

对于工人们如何看待自己所在单位作出的新决策，有关机构做了一次调查。从这份调查所得出的让人费解的统计数据中，我们可以为本文开头所提出的问题找到答案。

作者采访了全国 2400 名工人，试图了解工人是否想更多地参与单位的管理、他们想如何参与管理、如何表达自己的心声、是否有办法能缩小他们参与管理的愿望与现实工作之间的差距。

这次采访的一个主要发现，就是工人愿望的表达与他们实际愿望之间存在着"参与差距"。

根据这份调查，多数工人想要在公司如何运作上和如何作出事关他们切身利益的决策上拥有更多的发言权。他们想要更多的个人发言权和集体发言权，他们相信工人更积极地参与公司决策对公司和他们个人都有好处。

尽管有40%的人说他们不会加入工会，但大多数工人说他们相信工人组织的存在很有必要，虽然这些组织没有实际的权力来决定决策的结果。

调查显示，绝大多数的工人更希望自己在得到管理层同意的情况下对公司运作少量参与，而不希望诸如工会这样的强大组织参与公司管理，不过管理层对这一点持反对意见。这只是反映了多数公司的现实状况，在这些公司里是管理人员说了算。这并不意味着普通工人只想做个陪衬。调查中当要求工人说出他们希望工人组织在公司中所扮演角色的作用时，"多数工人希望建立在公司内部保持中立的合作联合会，同时有许多人希望建立工会或类似工会的组织"。

"在一份建议通过法律、联合会或工会的形式与管理层谈判或讨价还价的问卷上，63%的人选择联合会，20%的人选择工会，15%的人选择法律。"

在假设他们是自己单独作决定的情况下，当被问及选择哪一种工人组织时，85%的人选择由工人和管理层联合管理的组织，只有10%的人选择由工人单独管理的组织。参与调查的工会组织成员在该问题上也几乎一分为二。

参与联合会的工人在决策时如果与管理层有分歧应当怎么办呢？将近60%的人说在这种情况下应当请公司以外的仲裁人来作最后决定。

简单地说，调查表明"多数美国工人希望对他们自己的工作更多地参与管理、拥有更多的发言权，也就是要某些形式的工人组织或政策为他们提供更多的个人或集体的发言权。工人们希望这样的组织或政策能赋予他们参与公司决策的独立权力"。

stop 继续阅读之前先停下来，绘制一份决策 / 事件树形图。

笔者在练习7-4的答案（见附录）里所给出的树形图列出了所有可能的结果，这些结果把工人想要参与公司管理的程度与4种可能的讨价还价手段联系了起来。

在绘制决策 / 事件树形图时，多数人会感觉到一种强烈的几乎无可避免的诱惑，那就是想要在树形图完成之前就开始对不同情形的利弊进行分析。你应当抑制住这种诱惑，否则的话，我们就会被其中的一种情形所迷惑（我们人类很容易作出牺牲），从而不能充分考虑其他可能的选项。记住，树形图只是一张对我们的分析进行统筹和引导的图。它告诉我们事件在不同的决策情况下可能的发生路线。因此，在我们开始专心分析问题之前，一定要先把这个树形图绘制好，使它尽可能地全面、尽可能地有益于我们的分析，但也要把图绘得简单。要把注意力集中在主要因素上，这样细节才会在后面的分析阶段中凸显出来。

这些练习将决策／事件树形图的强大威力展现了出来，清楚而简单地把事件在某种特定情况下可能的发生路线表示了出来。但是，我们的教育体制一般不教学生在分析问题时经常用树形图。这对我们每一个人，甚至大一点说对我们整个国家，都是一个巨大的损失。如果人们知道如何"绘制"树形图的话，解决我们社会所面临的许多问题中的一些问题将变得更加容易。无论什么时候，只要你能用决策／事件树形图来表述一个问题，你就会在理解这个问题上向前跨出一大步，也在最终找到解决办法的道路上向前迈出一大步。有时，决策／事件树形图（像矩阵一样）会直接告诉你解决的办法。无论是这两种情况的哪一种，这样的统筹方法对有效解决问题都不可或缺。想一想你自己的工作或生活，或许在将来可能运用决策／事件树形图帮助解决问题的一些例子吧。

三、你应当使用矩阵或是树形图吗？

当然，在使用树形图和矩阵之间需要进行权衡。当我们把矩阵转换成树形图或反过来时这种权衡就会变得很明显。比如，我们能轻易地把"症状与疾病"这个矩阵转换成下面两种树形图（见图 7-4）。

		疾病	
		是	否
症　状	是	37	33
	否	17	13

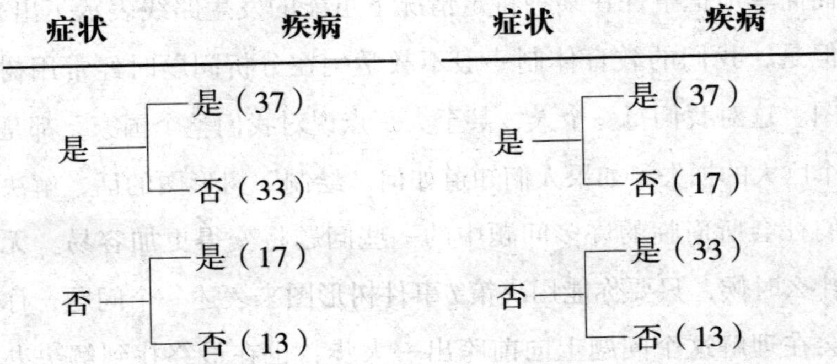

症状	疾病
是	是（37）
	否（33）
否	是（17）
	否（13）

症状	疾病
是	是（37）
	否（17）
否	是（33）
	否（13）

图 7-4　症状与疾病矩阵

试着把图 7-5 中的矩阵转换成决策 / 事件树形图，这是"天气预报员的两难选择"问题。

		结果	
		下雪	不下雪
预报	下雪		
	不下雪		

图 7-5　天气预报的矩阵

stop　继续阅读之前先停下来，绘制一份决策 / 事件树形图。

笔者给出的树形图如图 7-6 所示。

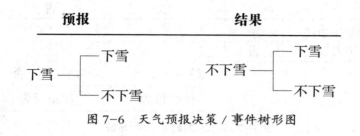

图 7-6　天气预报决策 / 事件树形图

　　同样，有可能把决策 / 事件树形图转换成矩阵，但要做到这一点，只有在矩阵是两维的情况下才有可能。正如我们所看到的，如果我们把树形图"不满的员工"转换成一个矩阵（见图 7-7），这样超出两维的矩阵图形就有点儿复杂。虽然矩阵能直观地把问题组织起来，把我们的分析集中在 3 个主要议题的相互关系上，但它也使问题变得复杂。树形图"不满的员工"之美就在于它把不同的情形都表示了出来。而矩阵则不能把所有情形表示出来。因此，在笔者看来，矩阵不适合分析这种特殊情况。

　　笔者认为树形图在分析预报员的两难选择问题上没有矩阵更容易理解。但是，这仍然是个人的选择问题。哪一个更好，是树形图还是矩阵，取决于问题的性质和分析者所要达到的目的。笔者总是建议两种方法都试试，因为每一种方法的优缺点只有在用的时候才会变得明朗，这就等于是告诉我们在分析一个特定问题时哪一种方法更有用。

　　希望通过这些练习你已经学会如何使用树形图或矩阵来轻而

		有暴力倾向			
		是		否	
态度让他情绪失控	是				
	否				
		是	否	是	否
		注意行为		注意行为	

图 7-7 "不满的员工"矩阵

易举地找出问题的要素。当然，一旦你用这两种统筹方法找出了这些要素，并开始对问题进行分析时，挑战就会来了。统筹只是第一步，它把问题的要素组织起来，本身却并不能对这些要素进行分析。因此，你需要动脑子，但统筹会让整个事情变得容易许多。

第八章

决疑术六：假设检验

一、假设和假设 – 检验矩阵

假设是一个被假定为正确的陈述句（如果我们知道它是正确的，它就不是假设了），我们要做的是用证据来证明这个假设的正确性。但，正如已故哲学家卡尔·波珀（Karl Popper）1931年在他的著作中所说的那样，我们永远也不能证明一个假设的正确性。不过即使如此，我们会而且确实出于很多原因而认为假设是正确的，直到这些假设被证明是错误的。500多年前，人们认为地球是平的，这种长期形成的观点无论其信奉者提供了多少证据都不可能被证明是正确的，而一个相反的证据——麦哲伦（Magellan）的航海旅行——则能证明这个假设是错误的。

我们需要用证据来证明一个假设的错误，而"信息"只有在我们把它与假设联系在一起时才能成为证据，因此，我们快速浏览"信息"是为了寻找"证据"。

我们找到"证据"时，应当尝试通过回答下面这个4个问题来验证其有效性。

- 信息的来源是谁或是什么？
- 信息源的信息渠道是什么？即信息源是如何获得这一信息的？这种方法切实可行吗？比如，如果信息源称他或她是在某份文件中读到这一信息的，那么信息源能接触到这一文件是否合理？
- 信息源的可靠性怎么样？即信息源的信誉好吗？信息源提供的其他信息被证明准确吗？
- 信息是否可行？即从我们对这个问题的了解的角度来看，从最起码的常识来看，这一信息是否合理？这一信息常见还是不常见？

苏联的文件曾称"北越政府"对其在越战结束时所抓获的美国战俘的人数没有说实话，《华盛顿邮报》报道了这一争议。这一争议本身就说明了与信息来源证明相关的问题。1993 年 4 月，美国国防部官员与情报分析师承认这份文件是真实的，也就是说，它被确定为一个纯粹的苏联官方的情报文件。但是由于《华盛顿邮报》的报道，他们开始怀疑这个文件所包含信息的真实性，因为它与来自可靠渠道的有力证据相冲突。哈佛大学研究员是从俄国政府位于莫斯科的档案馆获得这一文件的。他的研究的可靠性据报道是基于苏联情报的真实性。他明确否认他的书所计划依据的苏联情报有问题。报道引用他的话说："如果这件事有问题……那么整个苏联政治局都不了解越战的情况，而这场战争中他们提供了数百万卢布的支持。"很明显，对研究员来说，说官方情报文件（也是一份苏联文件）可能不准确，这让人不可思议。简单地说，他似乎很难把一份文件的真实性与它所包含的信息的真实性区别开来。

假设在分析中扮演着至关重要的角色。思维很容易集中在一个解决方案上，认可这种倾向有助于缩小我们思考的范围。它由此提供了一个框架——一种思想倾向——在这个框架内分析信息、破译信息。这种集中通常有利于分析，但如果它导致满意解决——集中于一种假设而排斥其他的假设，它也可能会有明显的副作用。

那么，我们怎么做才能抵消我们满意解决的自然倾向呢？我想你知道答案是什么——一句话：统筹！那么我们怎样才能利用统筹分析的方法保证所有的假设都能被充分考虑从而检验它们的有效性呢？办法就是通过使用一种奇怪的方法，叫"假设检验法"。

这种方法就是根据相关证据的矛盾程度对比较有希望正确的假设进行排序。当然了，最受欢迎的假设应该是证据矛盾最少的那一个，而不是证据矛盾最多的一个。再说一遍，最受欢迎的假设的证据矛盾应该最少，而不是最多。不矛盾的证据什么也证明不了，因为证据可以而且通常支持不止一个假设。

一致的证据有先天的局限性，这种局限性不可避免。人们对这一点有着深刻的认识，但遗憾的是，在科学界之外这一点并未得到广泛的认识和应用。我们周围的人和各行各业的人都一次又一次地根据与一个特定行动过程一致的（有利的）证据作出判断，最终却多会被不可预见的不利条件（矛盾证据）弄个措手不及，不能取得满意的结果。因此，在确定假设的可信性并根据可信程度给假设排序时，只有矛盾的证据才有其真正的价值。

表 8-1 给出了什么叫作假设 - 检验矩阵。它的构成方式是把几个主要的因素、几条主要的证据（不是任何证据，而是重要的几条）列在下面左边，有希望正确的假设则标在右上方。

表 8-1　假设 - 检验矩阵

证 据	假 设		
	A	B	C
1.			
2.			
3.			
4.			

二、假设检验法的 8 个步骤

假设检验法有 8 个步骤，刚开始它们也许显得有点儿复杂，但实践会证明它们并不复杂。我们来用"面包店"问题来演示一下这些步骤。为了最大限度地利用这个练习，我们在进行演示的时候会在一张纸上完成全部的 8 个步骤（有人曾经说过，光看别人练习弹钢琴，你是不可能学会的）。

面对突如其来的 3 炉烤焦的面包，面包店经理亨利·威利斯（Henry Willis）在一年中最兴旺的食品销售周里面临着无法完成交货任务的严峻形势。就在面包店 6 个月来首次获得丰厚利润的当口，出现了面包烤焦的情况，这种情况如果继续下去，收入的减少以及顾客的最终流失对面包店来说将是个巨大的打击。由于急于想找到解决办法，威利斯给一家管理调查公司打了电话。这家公司立即派了一位受过分析结构技巧训练的顾问科妮·斯图尔特（Connie Stewart）来调查这个问题。

斯图尔特花了 1 个小时与所有相关的主要人员进行了谈话，在黄色便笺上作了记录，并对他们提供的信息录了音。然后，她回到一间无人的办公室，开始分析调查所得的资料。接下来，她实施了假设检验法的第 1 步。

第 1 步：进行假设。她写下了所能想到的尽可能多的假设来解释面包为何会被烤焦，然后通过剔除不合情理的和合并那些相似的把表格里的原因缩减到了 3 个：雇员破坏（就是说他们故意把面包烤得太久或温度太高或是加了什么东西以致面包被烤焦）、烤箱里的气压计出了故障、面包店的气压不稳。

第 2 步：建矩阵。第 1 栏标为"证据"，右边几栏标为"假设"，并把假设标码输入栏目的上方。注意：这些假设必须相互排斥。

假设不必很全、很详细，因为某些情况下，仅检验所选假设就可以满足我们分析的目的。表 8-2 给出了矩阵的样子。

第3步：在左边空白处列举"重要"证据，包括"不存在的"证据。注意：为了与主要因素保持一致，应只列重要证据。

由于我们倾向于满意解决，在收集证据时我们通常会挖得不深也不远。问问我们自己没有考虑过的证据是打破这种倾向的一

表 8-2　面包店问题假设 - 检验矩阵

证据	假设		
	雇员破坏	烤箱的气体压力计故障	气压不稳

种发散性方法。

如果假设正确，要考虑那些人们所期待的不存在的证据，而如果假设不正确，也还要考虑人们期待的不存在的证据。例如，如果"干旱"的假设是真实的，人们就会认为雨水造成的水坑不存在；如果这个假设不真实，人们就会认为干硬的土壤不存在。

问"亚历山大的问题"：矩阵中没有包括在内的什么证据会否定一个或多个假设的真实性？如果有这样的证据，先确定这个证据是什么，并把它放入矩阵中。

伊施塔特（Ishtat）和梅（May）在《用时间思考》（*Think With Time*）一书中提到了亚历山大的问题。他们说，1976年杰拉德·福特（Gerald Ford）总统曾经就实施一个使美国民众免疫于猪流感的计划是否合适的问题咨询了一个特别顾问委员会。华盛顿大学的一位公共健康教授罗塞尔·亚历山大（Russell Alexander）博士——他是该委员会成员之一——想知道有什么新的数据会让他的同事们反对这项免疫计划，换句话说就是，有什么目前没有掌握的、纯粹存在于推测之中的证据会与美国民众的免疫相矛盾。如果这样的证据看似有理，那就共同努力确定它是否存在。如果存在，那就找到它。看来，这就是亚历山大的问题：有什么新的信息会与某个假设相矛盾？这是一种与众不同的分析方法，它可以被很好地运用到任何问题的分析中。

斯图尔特在矩阵的左栏列出了9条证据：

3 炉面包烤焦了。

只有那些特殊准备的面包烤焦了。

只有 2 炉烤焦的面包。

修理工没有发现热压力计有问题。

面包烤焦发生在面包店一年中最忙碌的季节。

员工对可怜的收入不满。

员工对梅内德被炒感到愤怒。

弗兰克·莫罗（第 2 组的面包师）被人看到在停车场与梅内德交谈。

新供应商的面粉交货耽搁了。

表 8-3 显示了列有证据的矩阵。

第 4 步：对矩阵进行交叉作业，检验证据与每个假设的一致性，一次检验一个证据。

经验显示：水平作业（把每条证据与所有假设进行验证）比垂直作业（每次都把全部证据与一个假设进行验证）更有效。

每次验证一条证据，决定关于每个假设的证据是一致（C），不一致（I），或模糊（？）。

注意："一致"未必说明假设有效，它只说明证据与假设是一致的，也就是说不矛盾。有了证据，假设可能正确；但在"矛盾'情况下，有证据假设也可能不正确。

你也许想用评注性符号"-""+"或"＊"来说明一致性，不一致性或模糊性的不同程度（举个例子，"C-"代表"部分一致"；"I+"代表"很多方面不一致"；而"C＊"代表"完全一致"），

表 8-3　写有证据的面包店问题假设 – 检验矩阵

证据	假设		
	雇员破坏	烤箱的气体压力计故障	气压不稳
3 炉面包烤焦了			
只有那些特殊准备的面包烤焦了			
只有 2 炉烤焦的面包			
修理工没有发现热压力计有问题			
面包烤焦发生在面包店一年中最忙碌的季节			
员工对可怜的收入不满			
员工对梅内德被炒感到愤怒			
弗兰克·莫罗被人看到在停车场与梅内德交谈			
新供应商的面粉交货耽搁了			

笔者也建议在方格中填写简洁的评价。然后如果你觉得有必要,才再解释你的理由。这些评注很重要,因为它们会使我们集中注意力去解释,并在决策时记录下来,稍后它们将是很有用的参考。

斯图尔特随后检验了每个假设与证据是否一致。

■ 3 炉面包烤焦的事实是否与"员工破坏"一致或矛盾？
一致……意味着"破坏"是 3 炉面包被烤焦的原因，但这并不说明烤焦面包与破坏之间有着必然的联系—— 3 炉被烤焦的面包不是破坏的"证据"，它只说明了"破坏"与烤焦了 3 炉面包可能都已经发生了。

■ 烤焦 3 炉面包是与"烤箱的气体压力计的故障"一致还是矛盾？如果一致，假设就可能是正确的。

■ 烤焦面包是与"气压不稳"一致还是矛盾？如果一致，假设就可能是真实的。

依此类推。

表 8-4 给出了矩阵每一格的内容。

斯图尔特只发现了 2 个矛盾：①仅有 2 炉面包被烤焦的事实与气压不稳的假设相矛盾——如果气压不稳定，所有烤炉（而不仅是 2 个）都会把面包烤焦；②修理工没有发现热压力计有问题，这一事实与烤箱的气体压力计有故障这一假设相矛盾。

第 5 步：改进矩阵。

a. 增加或重述假设。

有时，我们会发现其他可能的假设，这时我们应当把它们与矩阵中已有的那些一起考虑。当斯图尔特研究矩阵、回顾笔记的时候，她突然想到新供应商的面粉交货时间与烤焦面包相同。这之间有联系吗？如果有的话，斯图尔特说，那么第 4 个假设——"新

表 8-4　填充完整的面包店问题假设 - 检验矩阵

证据	假设		
	雇员破坏	烤箱的气体压力计故障	气压不稳
3 炉面包烤焦了	C	C	C
只有那些特殊准备的面包烤焦了	C	C	C
只有 2 炉烤焦的面包	C	C	I
修理工没有发现热压力计有问题	C	I	C
面包烤焦发生在面包店一年中最忙碌的季节	C	C	C
员工对可怜的收入不满	C	C	C
员工对梅内德被炒感到愤怒	C	C	C
弗兰克·莫罗被人看到在停车场与梅内德交谈	C	C	C
新供应商的面粉交货耽搁了	C	C	C

面粉有问题"——应当被填入矩阵，并在每一格中都输入一个 C。

有时在我们分析的过程中，我们会发现它对更清楚地界定假设很有用。

表 8-5　补充假设后的面包店问题假设 - 检验矩阵

证据	假设			
	雇员破坏	烤箱的气体压力计故障	气压不稳	新面粉有问题
3 炉面包烤焦了	C	C	C	C
只有那些特殊准备的面包烤焦了	C	C	C	C
只有 2 炉烤焦的面包	C	C	I	C
修理工没有发现热压力计有问题	C	I	C	C
面包烤焦发生在面包店一年中最忙碌的季节	C	C	C	C
员工对可怜的收入不满	C	C	C	C
员工对梅内德被炒感到愤怒	C	C	C	C
弗兰克·莫罗被人看到在停车场与梅内德交谈	C	C	C	C
新供应商的面粉交货耽搁了	C	C	C	C

这 4 个假设没有 1 个要修改。表 8-5 给出了这些增加的内容。

b. 增加与任何新的或重述的假设有关的"重要"证据（见表 8-6），并用所有的假设检验它。

表 8-6　补充假设后的面包店问题假设 - 检验矩阵

证据	假设			
	雇员破坏	烤箱的气体压力计故障	气压不稳	新面粉有问题
3 炉面包烤焦了	C	C	C	C
只有那些特殊准备的面包烤焦了	C	C	C	C
只有 2 炉烤焦的面包	C	C	I	C
修理工没有发现热压力计有问题	C	I	C	C
面包烤焦发生在面包店一年中最忙碌的季节	C	C	C	C
员工对可怜的收入不满	C	C	C	C
员工对梅内德被炒感到愤怒	C	C	C	C
弗兰克·莫罗被人看到在停车场与梅内德交谈	C	C	C	C
新供应商的面粉交货耽搁了	C	C	C	C
只有用新面粉做的几炉面包烤焦了	I	I	I	C

关于新加的假设，斯图尔特想知道是否只有用从新供应商那里运来的面粉做的几炉面包烤焦了。如果真是这样，那这就与破坏相矛盾。为什么这些搞破坏的雇员会只烤坏用新面粉做的那几炉呢？这说不通。这个新证据也与温度计和气压不稳不相符。因此，她增加了这个新证据，然后用 I 来表示前 3 个假设，用 C 来表示第 4 个假设。表 8-6 给出的就是这些新增的证据。

c.删除但另存与所有假设一致的证据的记录，它没有诊断价值。

斯图尔特删除了 7 条与全部 3 个假设一致的证据，留下 3 个（见表 8-7）：只有两炉烤焦的面包、修理工没有发现热压力计有问题和只有用新面粉做的几炉面包烤焦了。为了便于以后参考，她把删除的证据另外保留了一份，你在做假设测定的时候也应该这么做。

第 6 步：向下做，评估每个假设。

表 8-7 删除无价值证据后的面包店问题假设－检验矩阵

证据	假设			
	雇员破坏	烤箱的气体压力计故障	气压不稳	新面粉有问题
只有 2 炉烤焦的面包	C	C	I	C
修理工没有发现热压力计有问题	C	I	C	C
只有用新面粉做的几炉面包烤焦了	I	I	I	C

删除任何有重大矛盾证据的假设，重新评价和确定矛盾证据是否有效，同时识别并检查主要潜在的假设是否有效。

斯图尔特回顾了她的发现：有充分的矛盾证据反驳任何假设吗？有 3 个——除"新面粉有问题"以外的全部——因此她很快删除了它们。表 8-8 给出了对 3 个假设的删除。

表 8-8　删除无价值证据后的面包店问题假设 – 检验矩阵

证据	假设			
	雇员破坏	烤箱的气体压力计故障	气压不稳	新面粉有问题
只有 2 炉烤焦的面包	C	C	×	C
修理工没有发现热压力计有问题	C	×	C	C
只有用新面粉做的几炉面包烤焦了	×	×	×	C

第 7 步：根据矛盾证据的强弱给剩下的假设排序，其中最弱的矛盾证据的假设最有可能成为问题的真正原因。

通常，矛盾证据最弱的假设应当排在第 1 位。但它一般并不那么明确，因为这不是简单地把 I 相加的计算过程——格与格之间证据的矛盾性差别通常很大，并需要解释，但这样才是分析的全部，不是吗？

斯图尔特注意到，只有一个假设——新面粉有问题——没有矛盾证据，但因为她知道一致证据没有诊断价值，所以她并没有马上得出结论认为新面粉是面包烤焦的原因。相反，她分析了新面粉与烤焦的几炉面包之间的关系，并在矩阵中按时间顺序挑选了数据。于是矩阵终于显示了最终的关系。

第 8 步：进行健全检查。

斯图尔特回顾了她的结论、假设、证据和主要的潜在假设，得出了新面粉导致面包被烤焦这一结论。她对这一结论感到欣慰。

三、假设检验法应用实例

关于假设检验法是如何在商业投资中起作用的这一点，可以用沃尔特·迪斯尼公司的例子来说明。该公司想在华盛顿以西80 千米处弗吉尼亚的普林斯·威廉县建一个大的主题公园，但这个尝试最后失败了。该公司于 1993 年下半年宣布了它的主题公园项目，接着在 10 个月以后低调废止了该项目。《华盛顿人》（*Washingtonian*）杂志称之为"涉及复杂议题的一次史诗般的尝试，这些复杂议题涉及了大都会华盛顿西部边缘的地产发展理想，以及历史在美国人生活中的正确位置等一系列问题"。

普林斯·威廉（Prince William）和附近小镇的土地拥有者与居民不知不觉地被迪斯尼获取公园用地的幕后活动迷惑了，所以当计划曝光的时候，他们并没有迅速提出有效的抗议。虽然公园反对者逐渐积聚了相当多的资金和专业人才，但是，直到强大的全国文物保护信托基金会（NTHP）后来介入这场纠纷，他们才有了胜利的希望。NTHP 说服了迪斯尼的首席执行官迈克尔·艾斯纳（Michael Eisner），使其相信对"迪斯尼的美国"的投资是不明智的。

迪斯尼的规划者们被激烈的反对吓住了。根据《华盛顿人》杂志的报道，艾斯纳声明说，"我（被对这个项目的反对声）震惊了，因为我认为我们是在做好事。我还想象着被人们抛上天呢。"报道称，他不明白为什么有那么多的富人对他们居住的华盛顿西部的土地如此热爱。"但是，"报道接着说，"对任何经过这些地方的人来说，他们一点儿也不会感到吃惊……这片土地到处都展示了它富饶的一面……是马让这个地方显得与众不同。（福基尔和劳顿）这两个县共养了15000匹马，大约占弗吉尼亚全州的一半，这足以让这个地区成为肯德基之外最大的马肉集散地。"

事后才说迪斯尼早就应当这么做并给出理由很容易，但问题是，迪斯尼规划者错误地估计了项目可能遇到的反对的性质和力量。换句话说，迪斯尼根据与公司的目标一致的证据决定实施这一项目，却误解、低估或是忽略了与公司目标不一致的证据。而正是后者最终导致了该项目胎死腹中。

迪斯尼规划者本来要用的一种方法是用假设检验法来判断两个基本的命题：迪斯尼的规划会获得批准；迪斯尼的规划不会获得批准。不支持这两个命题的证据应当包括支持和反对这一规划的可能的行动、力量、观点以及态度。根据这种方法，特别是通过问"亚历山大的问题"，对该计划可能招致的反对的性质和力量几乎肯定会作为关键证据出现，而且会暴露该计划的缺陷。

假如迪斯尼的规划者在规划的过程中早早采用这种方法来统筹他们对这个项目的分析的话，笔者相信他们就会更好地知道他们将会遇到的反对势力不仅很积极而且很持久，还会对如何处理遇到的反对做好更充分的准备——一小部分思想活跃、思维发散的规划者可能已经想出了十几种预防措施，在反对势力最终变强之前加以克服。比如，要是迪斯尼的决策者预见到了 NTHP 作为反对者的代表可能在其中扮演的角色的话，他们一开始就会努力争取得到 NTHP 的学术支持和专业建议了，甚至会在这个主题公园的地址选定之前就会这么做。这样，在决定公园里应当反映什么主题，以及如何建设这些主题才能让公众们在娱乐的过程中受教育这一点上，NTHP 和其他领头的历史学家就会起直接的、主导的作用（确实，从迪斯尼的一些主题设想在公众中的负面反应来看，迪斯尼本来是可以利用 NTHP 的帮助的）。因此，迪斯尼在公园上获得智力支持——智力所有权——的情况下，历史学家和 NTHP 后来就不会那么积极地反对公园的规划方案，而这样一来，反对者在整个事件中的中心论点——以保护美国神圣的遗产（马纳萨斯附近的内战战场）为名——就会不复存在。

四、假设检验的 8 个步骤回顾

我们再来回顾一下假设检验的 8 个步骤。你会在随后的练习中参考这些步骤。

第 1 步：提出假设。

第 2 步：绘制一份矩阵图。

■ 把第 1 栏标为"证据"栏，把右边的其他栏标为"假设"栏，注意这些假设一定要相互不同。

第 3 步：在左边的空白处列出"重要"的证据。

■ 包括"不存在的"证据。

■ 问"亚历山大的问题"。

第 4 步：对矩阵进行交叉作业，看这些证据是否与假设相符，一次检验 2 项。

■ C，I 或？

第 5 步：改进矩阵。

■ 增加假设或对假设进行重新表述。

■ 增加与新假设或重新表述过的假设相关的"重要"证据，用其他证据对其进行检验。

■ 删除与所有的假设都相符的证据，但要做好相关备份。

第 6 步：继续完成矩阵，评估每一个假设。

■ 重新对矛盾的证据进行评估和验证，检查潜在的假设。

■ 删除任何有重大矛盾证据的假设。

第 7 步：把剩下的假设按照矛盾证据的强弱进行排序。

■ 矛盾证据最弱的假设最有可能。

第 8 步：进行健全检查。

五、一个万能的分析工具

和加权排序法一样，假设检验法可以同时既是诊断工具又是决策工具。有时通过排除其他所有假设而只留一个，它扮演了决策制定者的角色。但假设检验法的结果即使不能直接指出解决方法，仍能使我们对被考虑的可能选项的相似性的分析判断更加明白清晰。记住，假设检验法最主要的作用在于它的功能，即对假设进行反驳而不是证明。

假设检验法里面也有利弊解决法的影子——一致证据相当于有利面，而矛盾证据则相当于不利面，这就如同如果一个人作出某一选择，不利面就是他必须承受的负担一样，其中矛盾证据就是指这个人"买了"某一假设后他将不得不忍受不协调。这样，两种方法就都对我们有所启发了，都能使我们的注意力集中在那些对我们的分析很重要的因素（有利的与不利的）和证据（一致的与矛盾的）上。

总而言之，假设检验法是个强有力的、万能的方法，可以用来分析过去、现在，甚至未来的事情。

在未来 5 年城市服务业的花费会增长吗（我们可以假设 3 个可能情景：花费会降低、会维持现状、会增加）？

在上述例子中，我们都在寻找有关每个可能的假设的重要当前证据，在假设 - 检验矩阵中分析证据，并根据我们对事件相似性的评估对假设进行排序。

六、关于一致证据的鼓励

除非前述内容给你留下了认为一致证据没有任何价值的错误印象，请允许笔者稍微离题谈谈它的分析功能。

当然，一致证据对一个人的分析很重要。人们不能仅仅因为相对其他选项而言某一假设的矛盾证据较少就主动支持它，因为实际上，正是对一致证据的搜索——喜爱某样东西的理由——促进了我们的分析。为给假设找个有说服力的案例，我们通常必须提供积极的、支持的证据，即一致证据。

拿"面包店"问题为例。在矛盾证据的基础上，斯图尔特剔除了所有假设，只留下一个：有问题的面粉。但为了便于把案子向管理层汇报，说明面粉问题才是面包被烤焦的原因，她必须证明，即提供与这个假设一致的证据。这有力地说明了在问题解决过程中，矛盾证据在分析阶段起着关键的作用，而一致证据则在设想和演示阶段起着关键作用。

让我们在分析下面这个问题时练习一下假设检验的技巧。

∷ 练习 8-1 丢失的数据

莎拉是一家广告公司的总经理，这家公司虽小却很成功。凌晨 1：00，她被床头的电话铃声吵醒了。黑暗中，她轻易地找到了听筒并放到耳边。

"什么事？"她迷迷糊糊地说，并尽力使脑子清醒。

"莎拉，我是杰拉德。我在办公室，这里发生了可怕的事情！"

杰拉德是 3 个会计总管之一。

她的头脑慢慢清醒了，她咕哝着："什么？怎么啦？"

"我因为安德森的工作干得很晚，可是，当我到电脑里找最近的支出数据时，却什么都找不到了。"

"它们不在那儿？"

"不在，它们全不见了，全被删掉了！"

莎拉现在完全醒过来了，她的脑子在飞快地运转——对这一事件相关的情况和问题进行评估，并思考解决办法。"有没有备份？我想应该自动备份的吧？"

"我已经检查了备份，安德森的记录也删掉了。"

"我不明白，"她说，"它们怎么会被删掉呢？是不是有电脑病毒？我原以为安装了杀毒软件呢。"

"是装了杀毒软件，系统设定对下载到电脑里的任何程序都会自动进行病毒检查。为了弄个究竟，几分钟前我还特别进行了病毒扫描，但没有发现任何病毒。看来不是病毒的原因。"

"那是什么原因？难道有人故意删掉了记录？"

"似乎是这样，莎拉。"

"但会是谁呢？"

短暂的沉默中，他们都在思考她提出的问题，突然她想到另一个问题："是不是只有支出记录被删掉？"

她听见杰拉德叹了口气。

"这才是更糟糕的问题。我查过了，所有安德森的文件都不见了，备份文件也不见了。"

"你是说我们未来项目的计划书、计划文件，所有这些文件都不见了吗？"

"抱歉，莎拉，它们都不见了。这是重大损失，可怕的挫折。我们花了几个月的时间做的，现在又要花几个月的时间重新做了。"

打开床头灯，莎拉下了床，随后又倒在床沿上——她因晃动得太厉害而站立不住。没有时间重做计划书了，再过 2 个星期就是最后期限了。

她已经没有办法再做一份计划书了，他们这次死定了。

"你还好吧，莎拉？"杰拉德轻声地问，打破了沉默。

"不好……但我又能怎样呢？"

"我想应该没有关系。"

"你认为是谁干的？"她问，"是某个为我们竞争对手工作的人干的？"

"我不知道。"

"我也不知道，但我会知道的！"作为一名精明果断的商业女性，莎拉在这一刻决定要找出谁是真凶，"我们现在一点儿办法也没有，但我早上第一件事就是询问每一个人，尽量搞清楚是怎么回事。"

一到办公室，莎拉就询问了杰拉德和她的其他 4 名雇员：秘书丽莎、助手洽克以及其他 2 名业务员山姆和爱德华。根据她所得到的信息，她绘制了表8-9这样一份矩阵表，显示了每一名员工在办公室的时间以及他们有机会接触计算机终端的时间。她得出结论，从下午4点开始（也就是最后有机会接触安德森文件的时间）办公室里至少有1名工作人员，这种情况一直持续到午夜，这时所有的人都走了。这就是说，没有人曾经闯进办公室来干这件让人讨厌的事。她还非常确信的是，办公室里有2个或2个以上的人在时，任何人都不可能在在场的人不知道的情况下进入支持系统（由于计算机的安装方式）。

她进一步推断，除了山姆以外所有员工都知道如何删除安德

表8-9　同事在场时间矩阵

职员	4P.M.-5P.M.	5P.M.-6P.M.	6P.M.-7P.M.	7P.M.-8P.M.	8P.M.-9P.M.	9P.M.-10P.M.	10P.M.-11P.M.	11P.M.-12P.M.
爱德华								
山姆								
杰拉德								
丽莎								
洽克								

（X＝在场）

森的记录。山姆很讨厌计算机，尽管他曾经参加过几期的计算机培训，但他从来就不得要领，只要有可能他就会有意地避免使用这样的"精巧装置"。

山姆提出是否可能有人通过远程电话线删除了文件，但杰拉德排除了这种想法，向她保证说他们的计算机是电子隔离的，没

有与电话线相连。

在进一步的询问时，莎拉发现，除她自己以外，只有杰拉德和洽克知道这些保存在计算机自动支持系统里的文件的密码。

运用假设检验法，莎拉试着从所有这些信息中来判断是谁删除了安德森的记录。

第 1 步：提出假设。

为了做到完全客观，莎拉把所有的 5 名雇员都当成了嫌疑人。

第 2 步：绘制一份矩阵表。

只要完成上半部分，找出各种假设。

 继续阅读之前先停下来，完成第 2 步。

根据她所得到的证据，莎拉很快就排除了删除计算机文件的 3 种解释：

一种计算机病毒破坏了文件；

有人通过电话线远程进入计算机系统删除了文件；

不是他的员工而是其他人要么曾经来过办公室，要么闯进过办公室删除了文件。

因此，肯定是她的一名雇员干的，这就是说，这个矩阵应当有 5 个假设，每名嫌疑人 1 个假设。图表 8-10 给出了你要画的矩阵的上半部分。

第 3 步：在左边的空白处列出"重要"的证据。

表 8-10　数据丢失事件假设 - 检验矩阵框架

证据	假设				
	爱德华	山姆	杰拉德	丽莎	洽克

简单起见，我们先不考虑"不存在的"证据。

莎拉列出了 3 项重要的证据：作案人曾单独在办公室里、精通电脑、知道（打开安德森文件的）密码。把这些项填进你的矩阵里。

 继续阅读之前先停下来，完成第 3 步。

表 8-11 给出了经过修改的矩阵。

第 4 步：对矩阵进行交叉作业，看这些证据是否与假设相符，

表 8-11　数据丢失事件假设 - 检验矩阵框架

证据	假设				
	爱德华	山姆	杰拉德	丽莎	洽克
单独在办公室					
精通电脑					
知道密码					

一次检验 1 项。

表 8-12　数据丢失事件假设－检验矩阵框架（完整版）

证据	假设				
	爱德华	山姆	杰拉德	丽莎	洽克
单独在办公室	I	I	C	I	C
精通电脑	C	C	C	C	C
知道密码	I	I	C	I	C

 继续阅读之前先停下来，完成第 4 步。

表 8-12 给出了所有证据项与每一个假设之间的矛盾与否的关系。

第 5 步：改进矩阵。

有没有要增加或要重新表述的假设？没有。有没有因为与所有的假设相矛盾而要删除的证据？也没有。我们进行下一步。

第 6 步：继续完成矩阵，评估每一个假设。

重新对矛盾的证据进行评估和验证，检查潜在的假设，删除任何有重大矛盾证据的假设。

 继续阅读之前先停下来，完成第 6 步。

所有的 3 项证据都与山姆不相符：他从没有单独在办公室，不知道如何操作计算机来删除文件，不知道进入支持系统的密码。因此，可以排除山姆是嫌疑人的可能。

表8-13　数据丢失事件假设－检验矩阵框架（精简版）

证据	假设	
	杰拉德	洽克
单独在办公室	C	C
精通电脑	C	C
知道密码	C	C

爱德华和丽莎也可以被排除，因为他们俩都没有单独待在办公室里，也都不知道进入系统的密码。

表8-13给出了这3种假设被除去后的矩阵。

第7步：把剩下的假设按照矛盾证据的强弱进行排序。

由于证据与杰拉德和洽克的假设都不矛盾，我们必须把他们列为同等怀疑对象。

第8步：进行健全检查。

从直觉看，我们的结论合理吗？应该是合理的。

:: 练习8-2　简·伯丁案

（选自 *Regardie's* 1988年5月一期的一篇文章）

"简·伯丁是一位聪明、忠诚的模范护士，但她的病人却比其他护士的病人死得多。当一项研究的结果发布以后，统计结果非常让人震惊——警察说她是一名杀人犯。"

伯丁生长在马里兰州别登堡的一个贫穷的天主教蓝领家庭。她在高中的时候很活跃（参加了学生会、戏剧协会、广播协会、校报等），同时也很整洁，很可爱，很外向，很会安慰人。她爸爸很喜欢酗酒，而她的妈妈是个大块头，总是用一种不怀好意的眼光看着她的脸，而且总是骂她。伯丁是收养的孩子，这是她 14 岁时与父母吵架的时候知道的。她聪明又好学，对数学等理科都驾轻就熟。她曾在普林斯乔治医院中心当过护士助手，从那时起她就想当一名医生，但令她非常失望的是父母供不起她上大学。1975 年高中毕业后 2 个月，她在这家医院的病理学实验室找了一份采血员的工作。

3 年后，她调到重症监护病房（ICU）当了一名低级别的护士助手，后来她成了一名重症护理技术人员。不久，她因下述表现受到了表彰：聪明、医学判断准确、高度负责、一切为病人着想。再后来，她报名参加了一门为期 2 年的护士培训课程，并于 1983 年 5 月毕业，成了一名专业护士。她视工作为生命，不断进行护理研究，教授危重病护理知识，还经常加班。为了对病人的情况进行详细记录，她通常会很晚才走，但她很少收取加班费。此外，她还特别善于调解病人家属对于死亡或是亲人的永久障碍的认识。

1988 年 5 月，法庭在陪审团当庭的情况下对伯丁进行审判，指控她谋杀自己的病人。但最后，陪审团却判她无罪。

有 3 个主要的假设解释了伯丁护理的病人的死亡原因：

■ 她谋杀了这些病人（单独或与他人一道）。

■ 别人杀的。

■ 他们是自然死亡或者是死于某种不明的病因或力量。

按照假设检验的 8 个步骤，仅根据下面的这些证据决定这些假设中的哪一个最有可能是正确的。

证据

1.1983 ~ 1985 年，马里兰州普林斯乔治医院中心的加护病房中，伯丁护理的病人有 28 人死亡。在 194 名护士中，ICU 的其他多数护士护理的病人在同一时期内死亡的人数只有 2 ~ 3 人，甚至一个也没有死。

2.1984 年 1 月到 1985 年 3 月间，ICU 接受的心脏停搏病人急剧增加。伯丁的病人中有 57 人患有严重或轻微的心脏停搏。护理的心脏停搏病人人数第二多的护士只有 5 名这样的病人，而大多数 ICU 的护士只护理 1 名或 2 名这样的病人。

3. 在 15 个月的流行时间里，一晚上就有 10 名病人患有心脏停搏，而这些病人在医生换班时还好好的。这 10 个人中有 8 人是伯丁的病人。那些躺在床上的最不容易被护士站看到的病人特别容易突发心脏停搏。

4. 这种流行病始发于 1984 年 1 月，后来渐成气候。而当她被停职时，这种病的流行趋势开始减弱。

5. 这些死亡没有留下任何谋杀证据。

6. 暴发这种流行病纯粹是偶然的，可能性小于百万分之一。

7. 伯丁当值的时候，ICU 平均每 4 天就接受一位心脏停搏的病人。她不当值时，平均每 15 天才会有一位这样的病人。

8. 用 ICU 的疾病诊断标准来看，伯丁的病人并不比其他护士护理的病人病情严重，这些病人的病情诊断相似。

9. 1983 年晚班的时候曾有过 21 例心脏停搏的病例。根据这一数据，在接下来的 15 个月里应该会有 31 例这样的病例，但实际却有 88 例——是白、晚班加起来病例的 2 倍还多。伯丁是这 88 人中的 57 人的护理护士。如果拿 88 减去 57，结果是 31，这一数字正好符合数字预期。

10. 一般不太可能发生心脏停搏的人在她护理时更容易出现这种情况。一名妇女在她的护理下会有 51% 的概率心脏停搏，而如果是普通护士护理的话则发生这种情况的概率只有 6.7%。男病人在她的护理下心脏停搏的概率是 32.4%，而普通护士护理时只有 8.3%。30 岁以下的病人在她护理和普通护士护理的情况下心脏停搏概率分别是 41% 和 4.4%。

11. 她的病人在其他护士当班时并没有出现心脏停搏。

12. 没有哪种药物治疗、程序、静脉注射液、血液产品或其他卫生保健工作人员像伯丁一样与心脏停搏联系如此紧密。

13. 没有人看到，也没有任何物理证据表明有犯罪迹象。

14. 伯丁对"规范"（心脏停搏的紧急治疗）执行得很好，似乎她是心脏停搏求助队的一员。

15. 没有证据显示伯丁执行"规范"的门槛比别人低。

16. 伯丁并没有比其他护士工作的时间更长。

17. 在她因涉嫌谋杀而被捕之后，她曾向审讯警察承认——

后来又翻供——说她杀了 2 名病人。

18. 她在接受审讯期间没有通过测谎仪的测试。

19. 医院是她的第 1 原告,但接下来医院律师对指控不屑一顾。他们的转变可能源自 8 个数百万美元的状告医院玩忽职守的民事诉讼,这些诉讼称医院对死亡负有责任。

20. 警察怀疑这些死亡是由氯化钾管理不当造成的,因为氯化钾大剂量使用会导致心脏停搏。氯化钾是 ICU 中最经常使用的一种化学物质。ICU 的大部分病人都通过一个 IV 袋接受过额外剂量的氯化钾。这种药从没有在不掺水的情况下一次性注射完——医生称之为一次"推"完。因此,病人体内的氯化钾水平很少会有过高的情况。

21. 如果一个病人在注射大剂量的氯化钾的情况下活了下来,过量的氯化钾就会很快随着血液循环被排出体外,而不会留下剂量过大的证据,即便尸检也不会发现氯化钾过量。

22. 多数 ICU 的病人每小时都会接受一次药物治疗。

23. 看到护士在床边往输液袋里注入药物司空见惯。

24. ICU 里一般有大约 13 个病人,总共由六七名医师监护。住院医生、同事、人工呼吸师以及其他人员也在那里工作。但这些人都是上白班,特别是深夜的时候,ICU 通常是 11 个当值护士的天下,每个人最多护理 2 名病人。

25. 护士通常会选择他们愿意照顾的病人,他们会跟踪病人的病情,直到这些人离开。多数病人只在 ICU 待 1 ~ 2 个星期。

26. 尽管许多 ICU 的病人轻度昏迷，并且大多病情严重，随时都有死亡的可能，但他们绝不应该都死掉。

27. 像许多 ICU 护士一样，伯丁喜欢有挑战的病人。她比较喜欢那些病情或受伤严重的病人。没有多少经验或不太自信的护士当然很乐意让她来负责这些病人的护理。

28. 药物都是被放在开放区域的。

29. 一名医师的助手在伯丁的 70% 的病人病情危重时期当值，但他也在没有这一流行病时的其他班当值过。他不当值而伯丁当值的时候，晚班流行病一直没有断过。

30. 许多病人心脏停搏的时候还有其他 3 名护士当值，但她们不在病房的时候流行病仍然继续。

31. 其他护士没有一个人在伯丁的病人心脏停搏时一直在场。

stop 继续阅读之前先停下来，用假设－检验法分析简·伯丁的问题，并判断哪个假设最有可能是正确的。

:: **练习 8-3 依阿华号战舰的爆炸**

1989 年 4 月 19 日，5 包 42.6 千克重的炸药包被一个液压油缸推进依阿华号战舰上 2 号炮塔的一门 40 厘米炮里时发生爆炸，47 名海员丧生。事故发生的时候，这艘战船正在波多黎各海岸进行炮火实战演习。该塔楼共烧了 90 分钟。

有 50 多名来自军事实验室的专家参加了海军部的最初调查。调查前有关方面认为该事故是意外，因此调查者开始为此寻找证据：①枪支的机械故障；②静电火花引爆了火药；③炸药自发着火。但当调查发现炮手班一名叫希曼·克莱依顿·哈特维希（Seaman Clieton Hartwich）的海员买了价值 5 万美元的自然死亡险和 10 万美元的意外死亡险，并指定船上另一名同伴作为他的受益人时，调查很快变成了犯罪调查。

海军部称哈特维希应对爆炸负责。哈特维希的亲朋好友则争辩说，海军部的分析有问题，他们在将哈特维希当作替罪羊，以掩盖阿依华号人员对劣质设备和培训的批评。

你怎么看呢？

使用假设－检验技巧的 8 个步骤，决定下面关于炸药为何爆炸的 4 个假设中哪个最有可能是对的。

- 装载设备的机械故障。
- 静电。
- 枪炮通条意外延长。
- 希曼·克莱依顿·哈特维希安放了纵火器。

根据最后的假设，哈特维希安置了一个纵火器取代了装载过程中炮队上校放在离发射弹最近的 1 号炸药包和 2 号炸药包之间的小包洗炮铅片。随后，哈特维希命令没有经验的船员操作装填器，由于对炸药包的撞击过猛，挤压纵火器并点燃了燃料。

证据

（取自 1990 年 4 月 23 号的《美国新闻与世界报道》（*U.S.News & World Report*）和 1989～1990 年的《华盛顿邮报》（*The Washington Post*）的文章）

1. 当 2 号塔楼的 3 门大炮装载准备开火时，中间大炮上的船员在电话里大叫："我这有问题，我还没准备就绪。我这有问题，我还没准备就绪。"接着就爆炸了。

2. 炮手被害了，他们蜷缩得不自然，说明他们知道爆炸就要来了。

3. 使用的燃料来自第二次世界大战时期 1945 年造的硝化纤维块，1987 年进行了重新包装。每包底部的一小块被塞入黑色颗粒状火药，当大炮开火点着的时候，它就作为雷管使硝化纤维燃烧。

4. 去年夏天，在炎热阳光照射下的密封金属船上，爆炸的燃料包储存了 3 个月。最初以为这样储存也许降低了火药的稳定性。但后来依阿华号上使用的 387 包火药样品测试显示，即使燃料在阳光下储存，也不可能过早着火。过度暴露在高温下只会降低火药的有效寿命，但不会使它的操作和使用的危险性加大。

5. 为了看看那天依阿华号上使用的火药是否会意外燃烧，技术人员们用加重的鼓压它，把它放在一个加重的摩擦滑板下面，分别从 12 米和 30 米高的塔上扔下 42 千克重的火药包。技术人员们切断燃料，把它放在地上，滚动大鼓摩擦它，并用打火机点着它。他们发现，在足够的压力下燃料或黑火药会着火，但没有一种是依阿华号上发生的情况。

6. 发生爆炸的那一天，依阿华号正在进行"彻底调查"，以检验根据海军政策所要求的用 5 个强力炸药包取代 6 个威力降低的炸药包的精确性。

7. 海军部的检验显示，虽然这样的爆炸在海军部 10 厘米大炮成千上万次的演习和实际交火中从未发生过，意外点燃燃料的可能性不大，但也不是完全没有可能。

8. 一些专家坚持认为，由一个金属表面摩擦火药包引起的静电可能是引起爆炸的原因，但这样的爆炸以前在海军 40 厘米的大炮中从未发生过。

9. 自从 1943 年的厄运以来，海军 40 厘米大炮就没有出现过严重的机械问题。这些年来，40 厘米大炮的技术几乎没有改变。依阿华号已经发射了几千颗 40 厘米的炮弹，没有发生任何事故。

10. 操作大炮的 5 位人员以前从没有合作过。被指派把 213 千克燃料填进炮尾的船员在此之前从未填过火药，仅在 2 天前有人给他演示了如何做。哈特维希是一个毫无经验的炮手，他在最后时刻管理舰队。

11. 通过对受损的装填器的艰难重装，海军部的调查员们发现，令人费解的是，炮里的燃料被多推进了 6.3 厘米。

12. 利用重装的装填器，技术人员们把与爆炸中使用的炸药包相似的炸药包填进 40 厘米测试炮的炮尾，一次又一次地尝试发射，但都没有结果。

13.来自桑迪亚国家实验室的科学家们告诉参议院军事委员会，测试显示，液压油缸的操作不当——推进5包大炮炸药时意外地速度太快，压力太大——可能是引起爆炸的原因。他们经过反复试验，把一定数量的炸药包（相当于依阿华号爆炸时使用的量）系在387千克的重物上扔到一个铁盘上，模拟了"过度填充"时的压力，在此基础上得到这个发现。但直到第18次重复这个试验时，火药才起火。这项试验展示了填充系统能输出的最大能量。桑迪亚实验室极力辩称，这种方法对于证明，即使几十年来在成千上万次的40厘米大炮的发射中从未发生过这样的事件，装载过程中意外着火也是可能的，这种方法对于证明这一点来说是必要的。

14.哈特维希与队员们相处得不是很好。他来自一个宗教家庭，不吸烟，不喝酒，也不聚会。他有些关系好的朋友，包括3个船员，他们都是炮手，其中一个是在爆炸前3个星期加入依阿华号的。3人中只有一个人在塔楼的大炮底下，爆炸中他没有受伤。

15.哈特维希与3个船员之一做了2年的好朋友。他们曾被看见在值班时扭在一起，使得海员们笑他们是同性恋。爆炸发生后，海军调查处（NIS）没有发现他们是同性恋的确凿证据。不过，一名海员向众议院军事委员会的一个小组委员会承认，同船船员们的谈论曾一度使哈特维希说到自杀。

16.哈特维希和他的好朋友在爆炸发生的几天前闹过矛盾，

因为哈特维希不喜欢他朋友新婚6个月的妻子。

17. 哈特维希身高187厘米，性情粗暴。他有2支手枪，1支带在车上，并吹牛说他能制造炸弹和塑胶炸弹。

18. 应海军部的要求，联邦调查局的全国暴力犯罪分析中心对哈特维希进行了心理剖析，他被描述为不合群、古怪，有可能是同性恋，是那种某天会在购物中心乱开枪的安静的家伙。书面材料把他描述成麻烦制造者：很悲观而且特别依赖一些人。他有2个姐姐。他童年的大部分时光都是在他的房间里度过的。10来岁时，他对异性缺乏兴趣，只有一个亲近的男性朋友，据说他还曾企图自杀。在海军部，哈特维希一度只与一个朋友来往。当他的密友（上面提到的船员）结婚时，他伤心极了。哈特维希既孤独又腼腆，在幻想的权力与权威中生活，他被毁灭蛊惑了。他经常谈到死亡和自杀，并由于个人和经济方面的原因承受着巨大压力。他不喜欢依阿华号，并总是受到其他船员同伴的奚落。总之，他认为自己的生活是失败的。前面提到的联邦调查中心的罗伯特·黑泽伍德（Robert Hazewood）告诉众议院军事委员会，基于哈特维希的亲朋好友和他的信件及其他物品的证词，中心进行剖析时使用的证据很好。结论：哈特维希是自杀的，他的一生都在进行暴力和死亡的演练。

19. 哈特维希没有留下任何文件、信件、纸条或日记说明他想自杀或是杀死其他人。

20. 哈特维希的密友——那位海员说，在爆炸的头一天晚上哈特维希试图与他发生关系，但他拒绝了。后来这位海员又翻了供。

21. 应众议院军事委员会的要求，12 名心理学家和 2 名精神病学家（全都是取证学、自杀病理学、同行评议和神经心理学方面的专家）重审了联邦调查局对哈特维希所做的心理剖析。14 个专家中有 10 个对联邦调查局的结论提出质疑，称海军调查处的面试方法"失之偏颇，值得怀疑，有可能导向错误"。一位海军调查处的发言人辩解说，这些方法是标准的警察审讯程序。一些评论家声称，海军调查处和联邦调查局仅从成百上千的面试中剔除了最有害的选项，而忽视了可以减轻罪行的信息。

22. 几位心理学家和精神病专家称，哈特维希内容乐观的个人信件驳斥了海军调查处—联邦调查局对他属于自杀的分析。他死的前一天晚上，哈特维希正在开列执行下个任务时要带到伦敦去的物品清单（他告诉朋友和家人他被调到伦敦，而实际上，海军部只是在考虑让他执行那个任务）。

23. 枪炮室里的其他人没有作心理剖析。

24. 哈特维希的书中有《得到平静：肮脏把戏大全》和《美国部队简易军用手册》。

25. 曾是哈特维希密友的船员称，哈特维希说过他能制造带有电子雷管的管状炸弹。

26. 还是这个船员说他在哈特维希的贮藏箱里见过一个和 RSH 无线电子（国际电子产品销售巨鳄）的厨房定时器一样的电子定时器。但调查人员在贮藏箱里没有找到定时器，也不确定哈特维希是否从 RSH 无线电子的店里买过定时器。该船员后来撤回了这一声明。

27. 负责检查与爆炸有关的 40 厘米大炮的海军部科学家发现了与 RSH 无线电子出品的定时器上的材料一致的化学残渣：钡，硅，铝，钙。但是联邦调查局犯罪实验室找不到海军部要用来进行独立分析的定时器化学残渣的确实证据。而且，桑迪亚国家实验室在依阿华号的 1 号和 2 号塔楼，新泽西号的 2 号塔楼和威斯康星号的 2 号塔楼的全部空间都找到了这些化学物品的残渣。

28. 哈特维希的密友船员回忆说，爆炸那天在吃早餐时，哈特维希异常安静。

29. 哈特维希那天没有被安排在炮塔上。他在最后 1 分钟被任命为炮队上校，这显然是想让一位有经验的炮手负责一个毫无经验的炮队成员。

30. 在把哈特维希几乎炸成两半的爆炸发生时，他站的位置很反常，斜靠在炮尾，而不是像他应该做的那样站直了。

31. 为检验哈特维希是否真的可能制造和使用了海军部调查员们获得的"恐怖分子说明书"中描写的纵火器，《美国新闻与世界报道》和 1 位来自乔治·华盛顿大学的取证学教授把必要的材料混合在一起：少量弄成粉末状的化学物、制动液和钢棉。2 分钟半后，混合物自然着火。接着，他们检验了海军部的理论，该理论认为哈特维希可能通过把制动液放进一个小玻璃瓶并把它与另外两种成分放入一个小塑料袋中制造了一个延时装置，他可能在装炮时把这个塑料袋放在了燃料包之间。结果，撞锤的压力打碎了小瓶，使成分混合在一起引发了爆炸。《美国新闻与世界报道》和教授检验了袋中的小瓶装置，在它上面放了约半千克的重量。90秒后，它着火了。

32.海军部没有发现化学物或钢棉，车间和其他证据证明哈特维希曾用化学雷管进行试验。海军部也没有发现证据证明他读过"恐怖分子说明书"，而海军部原以为他可能使用了说明书中的纵火器制法。

33.爆炸后不久纵火器的重要证据就可能已经丢失了。在救火时，船员们把整个塔楼清洗了一遍，并把残渣倒出船外。因为塔楼很危险，而且爆炸最初看起来像是意外，所以后来进行调查的海军少将先前曾命人彻底清洗塔楼。

34.致命爆炸的冲击把发射弹移到炮管112厘米以上。炮尾里离发射弹最近的1号炸药包和2号炸药包之间可能是哈特维希放纵火器的地方，射击训练场的技术人员们只能通过在那里点着燃料才能模拟这种爆炸的威力。

35.Crane海军实验室的科学家们使用强大的显微镜和分子分析法发现，在发射弹的残渣中，极小的铁纤维很像擦碗布或钢棉上的金属丝，但它们被涂上了钙、氯和氧。通过点着制动液，钢棉和一种普通化学物制造的纵火器，实验室制出了同样的有涂层的纤维。

36. 麻省理工学院的一位物理教授重审了海军部的报告，对海军部分子分析中指出的发射弹散热片上的"杂质"提出疑问。他注意到发射弹喷了海水和泡沫灭火剂，海军部还用了 18 升的滑润剂把发射弹从炮里移开。他说海军部没有做足够严格的化学物和它们的相对浓度的配比来证明散热片上存在制动液和化学物。

37. 与在发射弹上发现的铁纤维类似的铁纤维在依阿华号的另 2 个发射弹上被发现，说明铁纤维对爆炸来说不是唯一的原因。

stop 继续阅读之前先停下来，用假设－检验法分析依阿华号发生爆炸的问题，决定哪个假设最有可能是对的。

第九章

决疑术七：可能性树形图

一、确定可能性

我们如何确定可能性呢？一般来说有 2 种方法：计算以及频率加经验。如果我们掌握了所有的事实，也就是说，如果我们掌握了所有的数据，比如遇到一个确定型的问题，我们通过代数运算就可以算出可能性有多大。如果我们并没有掌握所有的事实，我们就要根据频率和经验来估计可能性有多大。频率指的是过去一件事情发生了多少次；经验指的是每一件事情之中发生了什么。举个简单的例子：如果你朝地上扔 10 个灯泡，每次扔 1 个，所有的灯泡都会打碎，那么你扔第 11 个灯泡时，打碎的可能性会是多少？可能性非常高！几乎是 100%。你是怎么得出这个结论的呢？频率——你把同一件事重复了 10 次；经验——灯泡每次都打碎了。

很明显，对我们正在评估的事情了解得越多，我们的评估就会越准确。可是，如果我们对其情况知之甚少或一无所知，怎么办？要是有人让你评估坦噶尼喀（现为坦桑尼亚的大陆部分）3个政党中的哪个会在即将举行的大选中获胜怎么办？除非你碰巧是研究非洲事务的，否则你会无所适从。一名法国绅士皮埃尔侯爵——西蒙·德·拉普拉斯（Pierr-Simon de Laplace）（1779～1827年）就如何处理这样的情况给我们提出了很好的建议。在拉普拉斯看来，要是我们想要判断出2个或2个以上的结果哪一个会发生，我们就应当假定所有的结果发生的可能性相同。重复一下：如果我们没有证据支持我们的判断，不知道2个或2个以上的结果哪一个更有可能发生的话，我们就应当假定所有的结果都同样有可能。

幸运的是，我们很少求助于拉普拉斯。在遇到的几乎所有的问题上时，我们都能发现它们与我们所知道的一些过去发生的事情有相似性。这样，我们就可以以这些已有的知识为基础，作出可能性判断（评估可能性）。但是，我们的可能性评估与其他人类大脑的劳动成果一样在笔者一直提到的讨厌的大脑特征面前不堪一击。"与过去事情的相似性"经常很容易被我们的大脑置于那些它认为不存在的模式之中。由于我们习惯于重视那些对我们看好的结果有利的证据，因此我们很容易认为我们看好的结果比不看好的结果更有可能（发生的可能性更大），尤其是我们很有可能在相反的证据面前坚持这样的信念。确实，我们的大脑很容易误导我们的可能性评估，就像它能很轻易地影响任何其他分析判断一样。

在参加"二战"中诺曼底登陆的英国皇家海军突击队所发表的一份声明中，这种对希望得到的结果进行夸大的趋势得到了体现。这是一个让人难忘的惨痛事例——"我认为我们中的任何人都没有认识到我们处境的危险。没有人曾经想去诺曼底送死，他们是去战斗的，是去赢得战争的。我想死在诺曼底的人中没有一个人认为自己会死。"夸大或缩小可能性好让它与我们的希望一致，这是对痴心妄想的辛辣讽刺——我不会有事的，因为我不想事情发生。正如弗朗西斯·培根（Francis Bacon）所说，我们都更愿意相信我们认为真实的东西。

由于可能性在分析问题过程中起着绝对至关重要的作用，因此我们在对可能性进行评估时必须慎之又慎。

二、可能性事件的类型

我们在分析问题时要尽力判断其可能性的最通常的事件有 2 种，它们是相互排斥型和有条件依赖型。

相互排斥型的事件就是一方排斥另一方。例如，扔一枚硬币就包含 2 个相互排斥的事件或是相互排斥的结果。由于硬币有两面，所以是第 1 种结果（正面或反面）就不会是第 2 种结果，因此其结果是相互排斥的。掷骰子也包含着相互排斥的事件——一个标准的骰子有 6 面，无论怎么掷，最终也只会有一面"朝上。"因此，一种结果的出现会排除其他所有结果出现的可能。选举的结果也是相互排斥的，这与我们每天作出的几乎每一个决定都一样——如果我们决定这样，就不会那样。

一件事情的发生依赖于另一件事情，这样的事件就叫作有条件依赖型的事件。因此，这些事件一般会按先后顺序发生。启动发动机就是说明这一点的一个很好的例子——我们把钥匙插入点火开关，转动钥匙，起动器就会转动发动机，这样发动机就会点火。如果发动机没有转动，它就不会点火；我们如果不转动钥匙，起动器就不会转动发动机；如果不先把钥匙插入点火开关，我们就不能转动钥匙。第 1 件事——插入点火钥匙——为第 2 件提供了条件，意味着第 2 件事是在第 1 件事发生的条件下发生的，同时，第 2 件事也为第 3 件事提出了条件。依次类推。

三、相互排斥的可能性

我们如何来计算相互排斥的可能性呢？说明如何计算的一个有效的工具就是一个装有 90 颗胶质软糖的瓶子。瓶子中的糖有 45 颗是红的，有 36 颗是黄的，还有 9 颗是绿的。我们想把手伸进瓶子里取出一颗糖。用决策 / 事件树形图（见图 9-1）来表示我们会看得更清楚，这个图中有 3 个可能相互排斥的结果：红、黄、绿。

假设糖是随机排列的，那么我把手伸进瓶子里盲目地取出一颗来，这颗糖是红色的可能性有多大？是黄色的可能多大？是绿色的可能有多大？

要计算相互排斥的可能性的一个简单的方法就是把它们用百

分数来表示。比如，一次从 90 颗糖里取出一颗红糖的可能性等于红糖在这 90 颗糖中所占的百分比。明白了吗？要是换一种说法可能就会更加清楚了——如果瓶子里 30% 的糖是红的，那么我每次取出一颗红糖的可能性就是 30%。

图 9-1　瓶中取糖决策 / 事件树形图

那么，我们如何计算红糖在瓶子中糖果中所占的比重呢？笔者喜欢用传统的分子 – 分母法：分子除以分母。这个方法笔者是在小学学的，笔者从来没有发现比这更好的方法来表达这个数学公式了（确实，分子 – 分母法是一种统筹方法）。要进行运算，我们就要问自己："这个数与那个数之比用百分数表示是多少？"这时我们就会用分子除以分母。比如，3∶6 的百分比是多少？这时我们可以用分子"3"除以分母"6"——3 除以 6 等于 0.5，也就是 50%。

∷ **练习 9-1　胶质软糖（1）**

我们用分子 – 分母公式来计算瓶子里的红糖、黄糖和绿糖所占的百分比。计算出结果，并把结果写在一张纸上。

stop 继续阅读之前先停下来，计算红、黄、绿糖的百分比。

下面是答案：

红糖——45 除以 90 用百分数表示是多少？分子"45"除以分母"90"=0.5，得到结果 50%。

黄糖——36 除以 90 用百分数表示是多少？分子"36"除以分母"90"=0.4，得到结果 40%。

绿糖——9 除以 90 用百分数表示是多少？分子"9"除以分母"90"=0.1，得到结果 10%。

现在，我们把这些百分数转换成可能性，并把这些数字填进树形图中（见图 9-2）。

由于树形图里包含了可能性，笔者更喜欢把这种树形图称作"可能性树形图"。

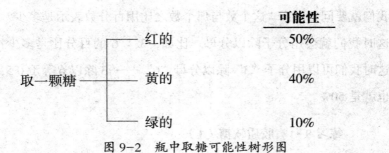

	可能性
红的	50%
取一颗糖 —— 黄的	40%
绿的	10%

图 9-2　瓶中取糖可能性树形图

四、可能性树形图

除具有决策／事件树形图的所有特征之外，可能性树形图还有一个特点：它让我们能够从可能性的角度对整个树形图和树形图的每一个元素进行分析。它还让我们能够估算哪一种情况更有可能，哪一种情况更没有可能，以及所有这些情况之中哪些决策和事件最有可能和最不可能，而决策／事件树形图则只能表明什么可能和不可能发生。把可能性作为一个角度加入我们的分析当中，它就会在我们的结论中有了现实的可能性。

而且，对于决定对我们来说很重要的各种情形的决策和事件来说，可能性树形图还能够让这些决策和事件突显出来，让我们集中关注它们，收集证据来证明它们，并质疑作出这些决策和事情的假设前提。我们能以随机改变我们赋予它们的可能性的方式来提高我们辨别这些决定因素的能力，这种方法叫作敏感性分析。所以，如果我们想增加某一种情形的可能性，可能性树形图就能告诉我们应当集中关注哪个决策或事件。设想一下，我们如果知道该关注什么才能得出我们想要的结果，这对我们来说将意味着什么。

构建可能性树形图时有如下 3 条铁律。

- 如同其他任何决策／树形图一样，图中所述的事件必须相互排斥，也就是说每一事件都要与众不同。
- 同样，所有的事件必须在整体上是详尽的，也就是说在被分析的情形中，必须包括所有可能的事件。

■ 所有支干末端的可能性（树形图的每一个分支）总和必须等于100%。

对那些不习惯处理、计算数字可能性的人来说，有一点要记住，那就是一个事件发生的次数不可能多于它可能的发生数。因此，可能性永远不可能大于100%。

我们来揭开胶质软糖问题的复杂性神秘面纱的一角。

一次从瓶子里取出一颗红糖或绿糖的可能性有多大？

解这一道题的方法仍然是要用百分数来进行思考：瓶子里红糖或绿糖的百分比是多少？有45颗红糖和9颗绿糖，总计54颗。54占90的百分比是多少？分子54除以分母90=0.6。因此，我们有60%的可能1次取出的是1颗红糖或绿糖。我们刚才所做的实际上就是把取出红糖的可能性50%加上了取出绿糖的可能性10%。

:: **练习9-2　胶质软糖（2）**

取出一颗红糖或黄糖的可能性有多大？取出一颗黄糖和绿糖的可能性有多大？把你的答案写在一张纸上。

stop 继续阅读之前先停下来，分别计算出取出一颗红糖或黄糖、黄糖或绿糖的可能性。

取出红糖或黄糖的可能性是 50%+40%=90%。

取出黄糖或绿糖的可能性是 40%+10%=50%。

这里很重要的一点是我们把这里的"或"在计算可能性时用加号来表示，也就是说，我们把"或"的可能性也加了进去。这是多数分析师不理解的众多可能性概念之一，除非有人让他们注意这些，也就是说这个概念本身并不明显。即使有人指出了这个概念，许多人还是不理解。正如坎贝尔所写，人们看起来并不因为使用了可能性的规则就能记住这些规则。这就解释了我们为什么每次都要进行推理。

我们来练习绘制一份可能性树形图，计算出一个"或"的可能性。

:: **练习 9-3　鸡舍里的狐狸**

鸡舍里住着 50 只母鸡：10 只红的，5 只黑的，15 只紫的，还有 20 只白的。如果一只狐狸溜进了鸡舍随机咬死了一只母鸡，那么被咬死的鸡是红的或紫的可能性有多大？在另外一张纸上绘制一份可能性树形图来表示每种颜色的母鸡被咬死的可能性，然后给出这个问题的答案。

stop　继续阅读之前先停下来，构建一份可能性树形图并计算出被杀的母鸡是红色或紫色的可能性有多大。

图 9-3 给出了要绘制的可能性树形图。

咬死死一只红母鸡的可能性是20%,咬死死一只紫母鸡的可能性是 30%，因此，咬死死一只红母鸡或紫母鸡的可能性是 20%+30%=50%。

	可能性
红的	20%
黑的	10%
紫的	30%
白的	40%

图 9-3　被咬死母鸡颜色可能性树形图

五、有条件依赖的可能性

我们如何计算有条件依赖的可能性呢？通过两种有条件相互关联的可能性相乘就可以了。

扔硬币时连续 2 次正面朝上的可能性有多大？可能性树形图 9-4 说明了事件的可能顺序。第一次扔硬币时正面朝上的可能性是 50%；如果是反面朝上，则整个顺序就结束了，树形图就到此为止。我们只有在第一扔的时候正面朝上才会扔第二次，因此第二次扔取决于第一次。如果我们第一次扔的时候是正面朝上，第二次扔的时候正面朝上的可能性是多大呢？仍然是 50%，因此我们连续两次投币都正面朝上的可能是 50% 之中的 50%，即 0.5 乘以 0.5=0.25，可能性为 25%。

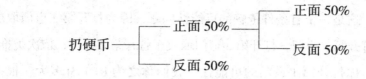

图 9-4　有条件依赖的扔硬币可能性树形图

我们再回顾一下计算胶质软糖的有条件依赖的可能性。我们第 1 次取出一颗红糖（再把它放回瓶子里）然后再取出一颗绿糖的可能性是多大？图 9-5 表示的就是这种顺序——取出一颗红糖的可能性是 50%，取出一颗绿糖的可能性是 10%，因此取出一颗红糖之后紧接着再取出一颗绿糖的可能性是 50%（0.5 乘以 0.1）。

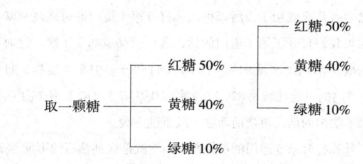

图 9-5　有条件依赖的取糖可能性树形图

∷ **练习 9-4　保险箱窃贼**

拿到保险箱要通过 5 道门，每道门都是用密码锁锁着的。假定你以前 10 次遇到这样的情况，有 9 次你把密码锁打开了。你

只失败过一次，也就是第 10 次。那么，你能打开全部 5 道门的
可能性有多大？

　　这是一个有条件依赖的可能性问题，因为打开第 2 道门取决
于打开第 1 道门，打开第 3 道门取决于打开第 2 道门，依次类推。

　　你打开第 1 道门的可能性（我们称之为 P1）有多大？根据
你以前的成功概率我们可以这样进行计算：10 次有 9 次。9 比 10
的百分数是多少？是 90%，因此 P1 等于 90%。

　　打开第 1 道门和第 2 道门的可能性是多少呢？要打开第 2 道
门就要先打开第 1 道门。因此，我们拿打开第 1 道门的可能性（90%）
乘以打开第 2 道门的可能性。打开第 2 道门的可能性是多少呢？
90%？对不起，数字不对。那是依据你以前打开同样的门时 10
次之中有几次成功了，所以得出你打开第 1 道门的可能性 90%。
但如果我们打开了第 1 道门的话，我们就又成功了 1 次，这时我
们的成功率就应该是 91%（10 除以 11 等于 0.91）。这样，打开
前 2 道门的可能性就是 82%（0.9 乘以 0.91 等于 0.82）。明白了吗？
如果不明白的话，再把前面这一段重读一次。

　　计算打开第 5 道门的可能性（当然就是偷到钻石的可能性）。
在一张纸上进行计算并把结果记下来。

 继续阅读之前先停下来，计算一下打开第五道门的可能性。

　　下面的列示给出的就是答案。

P1 为 90%（9 除以 10=0.9）。

P2 为 82%（0.9 乘以 10 除以 11=0.82）。

P3 为 75%（0.82 乘以 11 除以 12=0.75）。

P4 为 69%（0.75 乘以 12 除以 13=0.69）。

P5 为 64%（0.69 乘以 13 除以 14=0.64）。

现在用 64% 与你先前用来代表偷到钻石的可能性的百分数进行比较。你的百分数与这个答案有多接近？大多数人凭直觉相信偷到钻石的可能性很大。如果你早先的时候在解"保险箱窃贼（1）"这个问题时所计算出来的可能性误差很大的话，不要难过，大多数人都会算错的，因为对人类来说，可能性是较难理解也较难有效解决的概念。毫无疑问，可能性靠直觉是算不出来的。因此，我们必须彻底弄明白相互排斥和有条件依赖这两种可能性概念之间的区别，必须一有机会就练习如何计算可能性。只有这样我们才会对它们了如指掌。

相互排斥型可能性的计算与有条件依赖型可能性的计算之间有着明显的区别，这在我们画树形图时如何来表示这两种计算时已经体现了出来。

归纳起来，要计算由一个单独的决策或事件（"或"的情形）而引发两个或多个事件发生的总的可能性，我们就要把它们各自的可能性相加。要计算两个或多个事件连续发生的可能性（"并"的情形），我们就要把它们各自的可能性相乘。

在遇到可能性问题时，我们一定要仔细留心可能性陈述或问题是如何表述的，也就是说，问题是否与一个单独事件的可能性或者与一系列相互联系的（有条件依赖的）的事件的可能性有关。可能性问题的表述很重要，表明了对我们要分析的任何一个问题的重述也很重要。只有这样才可以确保我们明白问题是什么，也确保我们明白这就是自己要分析的问题。

六、绘制可能性树形图的 6 个步骤

第 1 步：找出问题。

第 2 步：找出要分析的主要决策和事件。

第 3 步：构建决策 / 事件树形图，把所有重要的不同情形都表示出来。

a. 确保每一个分支上的决策 / 事件都相互排斥。

b. 确保每个分支上的决策 / 事件都全部列出来。

第 4 步：标出每一个决策 / 事件的可能性。每个分支上的可能性之和必须等于 100%。

第 5 步：计算每一种单独情形的有条件可能性。

第 6 步：计算出与决策 / 事件相关的可能性问题的答案。

我们正面来做一个练习，既包括相互排斥的可能性，也包括有条件依赖的可能性。

:: 练习 9-5　卡拉奇导弹

卡拉奇导弹的开发人员正在加紧工作以确保在国防部规定的

最后期限内完成任务。要做到这一点，他们必须在 2 个月之后开始生产。该型导弹的一次关键的发射试验计划明天进行。试验可能会有以下 3 种结果（括号里给出了每一种结果的可能性）。

■ 完全失败（20%）。

■ 飞行成功，但技术上失败（60%）。

■ 完全成功（20%）。

如果飞行彻底失败，开发人员只有 10% 的可能在 2 个月之后开始生产。如果飞行成功但技术上失败，则 2 个月后开始生产的可能性为 40%。如果飞行试验完全成功，2 个月后进行生产的可能性则为 90%。

构建一份可能性树形图来表示这些事件，然后回答下面的问题。

■ 开发人员在最后期限内完成任务的可能性有多大？

■ 由于飞行试验要么完全失败，要么飞行成功但技术上失败，因此，他们无法在规定的期限内完成任务的可能性有多大？

stop 继续阅读之前先停下来，构建一份可能性树形图，并回答上述两个问题。

练习 9–5 和答案给出了这个可能性树形图。要回答这两个问题，我们必须要首先计算出 6 种情况下每一种情况的在规定期限内未完成任务的有条件依赖的可能性：发射试验失败——可以生产，发射试验失败——不能生产，等等。通过把发射试验与可以生产的可能性相乘，把与每一个分支相对的产品归在"在规定期限内完成任务的可能"这个树形图下。接下来，要回答第一个问题，我们可以把与"可以生产"分支相对三个相互排斥的可能性相加得和为 44%（0.02+0.24+0.18=0.44）；要回答第二个问题，我们则应把与由于"失败"或"技术失败"而"不可以生产"的分支相对的可能性相加得和为 56%（0.18+0.36+0.02=0.56）。

你会注意到，把这些可能性相加的时候，所有在规定期限内完成任务的可能与不能完成任务的可能总计会等于 100%，这正好相当于树形图的每一个分支加在一起。总和等于 100% 说明计算这些可能性的数学运算是准确而有效的。

下面还有一个练习，这个练习也把这两种类型的可能性的计算结合了起来。

:: **练习 9-6　新生产线**

一家电子设备生产商正在研究要不要投资进行新生产线的研发。有 2 条生产线可供选择：

■ 带计算功能和微型摄像功能的便携式电话生产线。

■ 小型可移动的卫星商业电视节目接收天线。

有以下 4 个因素在公司的分析中至关重要。

① 新产品是否需要对现存的生产线进行重组。

② 生产线的重组是部分还是全部。

③ 重组后的生产线需要熟练工人，这能否通过对现有工人进行培训或者招募新工人来完成。

④ 如果需要重组，无论是对现有工人进行培训还是重新招募工人都会增加劳动力成本。重要的是，成本是小幅增加还是大幅增加。如果不需要进行重组，劳动力成本就会保持不变。

表 9-1 给出了这些不同因素的可能性。根据这些因素，构建两份可能性树形图——一份关于电话的，一份关于天线的——并就每一种产品回答下面的问题，也就是说，关于电话的给出一份答案，关于天线的也给出一份答案。

■ 生产线一定要进行重组吗？

■ 现在的工人一定需要重新培训吗？

■ 公司一定要招募新工人吗？

■ 劳动力成本会小幅增加吗？

■ 劳动力成本会大幅增加吗？

表 9-1　生产线研发因素可能性

因素		电话（%）	天线（%）
是否需要重组生产线：	是	30	60
	否	70	40
如果需要重组，重组将会是：	部分	40	30
	全部	60	70

如果部分重组，劳动力将需要：	培训	70	60
	雇用	30	40
如果全部重组，劳动力将需要：	培训	40	20
	雇用	60	80
无论部分重组还是全部重组，一旦劳动力要培训，劳动力成本就会上涨：	微幅	50	40
	大幅	50	60
无论部分重组还是全部重组，一旦要雇佣劳动力，劳动力成本就会上涨：	微幅	40	20
	大幅	60	80

stop 继续阅读之前先停下来，构建两份可能性树形图并就每一个树形图回答 5 个问题。

练习 9–6 的答案（见附录）的问题 1 给出了两份树形图，问题 2 给出了问题的答案。

七、小结

我们在没有数据的时候所能做的就是估算。估算的语言就是通过可能性来表达，而可能性的规律就是这种语言所要遵循的语法规则。

可能性是这本书里所提到的最为重要的概念之一，因为可能性贯穿于所有的分析之中。但是，它是人们较难理解的概念之一，也是人们较难有效处理的概念之一，因为可能性的规律经常与我们的直觉相反。

恰当地运用可能性的规律并不是人类本能地去做的事情。

尽管数学上的确定性和科学上的客观性都有许多诱惑，但驱动可能性的更多的是主观判断而不是数学计算。这些主观判断跟其他所有判断一样，会受到偏见和其他令人讨厌的人类大脑特征的影响。

多数人能够凭直觉发现那些有关可能性的最简单的问题的答案。

我们一般有两种决定可能性的办法：要是我们有相关数据的话，我们可以计算；要是没有数据的话，我们就通过频率和经验。

我们分析中最经常遇到的两种可能性包括相互排斥型（"或者"型，这时我们要把这些可能性相加）和有条件依赖型（"并且"类型，这里我们要把可能性相乘）。

如果没有切实的根据来判断哪一个结果更有可能时，我们还要尽量对两种或两种以上的可能结果进行评估，我们应当假定所有结果的可能性都相同；但我们判断可能性的时候很少会出现没有根据的情况。

我们通过可能性树形图的形式把可能的结果画出来，这些树形图的构建应当遵循个原则：所描述的事件必须是相互排斥的（也就是说每一件事都是独一无二的）；它们在总体上一定要是详尽的（也就是说树形图包含了所有可能的结果）；每一个节点的可能性（树形图的每一个分支）之和必须等于100%。

由于我们人类对用来表示可能性的形容词的理解大相径庭，所以我们不使用百分数的形式就表达清楚"可能性"会极为困难。的确，想做到这一点并不容易，也没有恰当的方法。不过即便如此，在最终的报告当中，百分数依然应当少用或谨慎使用，因为百分数能暗示出分析的高度精确，而这一点我们一般是做不到的。

第十章

决疑术八：效用树形图

一、何为效用分析

臭名昭著的胶质软糖瓶的主人向人们出售赢钱的机会，方法就是要从瓶子里随机取出一颗糖来。每次 1 美元，但要事先决定你想取的是哪种颜色的糖。如果你取出了那种颜色的糖，你就会获奖；如若不然，你就会赔上 1 美元。奖金有所不同，分别如下：

红糖：2 美元

黄糖：3 美元

绿糖：4 美元

在解释效用分析的 3 个基本元素时会用到这个例子，这 3 个元素分别是：选项、结果和视角。

1. 选项

效用分析的目的就是把任意数目的选项按照它们对决策者私利的效用大小进行排序。选项就是可能的行为方式，或买或卖，或走或留，或投资或存储。人生就是一系列无休止的选择，而选择就是选项。在我们所举的用胶质软糖作赌的例子中，有 3 个选项：取出的糖或红，或黄，或绿。当选项复杂时，效用分析通过对每个选项的优劣进行单独、系统和充分的评估和比较能够使作出最佳决策的过程极大地简化。这种分析不光使我们在不同的选项中作出选择的过程得以简化，还能够增加我们对自己的最终选择的信心。

我们所分析的选项一定要相互排斥——相互之间要有明显的不同，这样我们才可以进行有意义的比较。红糖、黄糖和绿糖显然是相互排斥的。然而，选项不一定要全部列出来，也就是说，不一定要包含所有的可能。比如，假设这瓶胶质软糖的主人还有一瓶，这瓶里装满了多种颜色的糖：紫色、褐色、粉红、橘红等。再假设他只给取出红糖、白糖或蓝糖的人奖励。我们要想付 1 美元然后试着从瓶子里取一颗糖，我们就会把我们的分析限定在红、白、蓝的选项上而忽略其他颜色的糖。

2. 结果

效用分析的第 2 个元素就是结果。结果就是实施某一行动或者选择某一选项之后发生的事情。

如果旧金山 49 人队与达拉斯牛仔队进行美式橄榄球比赛（1个选项），那么会有 3 种可能的结果（见图 10-1）：49 人队胜、平或输。

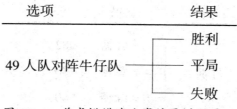

	选项	结果

49人队对阵牛仔队	— 胜利
	— 平局
	— 失败

图 10-1　美式橄榄球比赛结果树形图

要是你去参加一次招聘面试（1 个选项），也会有 3 种可能的结果（见图 10-2）：没有受雇、受邀参加下一次的面试或者成功受雇。

	选项	结果

工作面试	— 未受雇用
	— 受邀参加下一次面试
	— 受雇

图 10-2　面试可能的结果树形图

我们所举的胶质软糖的例子比上面这些还更加详细。选项就是打赌，也就是说，你可以赌你取出的是一颗红糖、黄糖或绿糖。

每一次打赌都有 3 种可能的结果：红糖、黄糖或绿糖（见图 10-3）。注意，这些选项相互之间没有联系，所以我们得出 3 份各自独立的树形图。

结果是对选项的效用进行分析的唯一依据。我们拿其中的一个选项与另一个选项进行比较——红糖与黄糖或绿糖比——只根据我们每一次选择之后假定的结果。因此，我们在分析每一个可能的选项时必须使用同一组结果。与选项不同的是，一般情况下

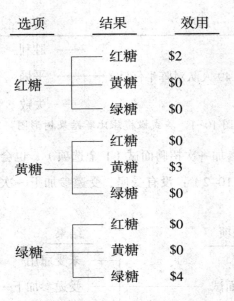

选项	结果	效用
红糖	红糖	$2
	黄糖	$0
	绿糖	$0
黄糖	红糖	$0
	黄糖	$3
	绿糖	$0
绿糖	红糖	$0
	黄糖	$0
	绿糖	$4

图 10-3　取糖赌效用树形图

结果应当全部列出来——包括所有可能的结果。

　　如果我们认为合适的话，我们可以只分析一种结果。在胶质软糖这个例子中，我们可以只考虑取出一颗绿糖的情况；在 49 人队对阵牛仔队这场比赛中，我们可以只分析赢的可能性；而在你的工作面试中，只分析受雇的可能性。但要想这么做，就要牺牲效用分析的巨大的潜在作用，这样才能充分地考虑这些问题。我们一定要警惕的是我们的弱点——集中，因为它会让我们只注意我们希望的结果而忽略我们分析的不足，忽略那些看起来不那么好的选择。当然，决策者只对单个的、具体的、固定的结果感兴趣的情况很少。但是，一般情况下，在进行效用分析的时候，我们应当考虑所有可能的结果，而不只是其中的一个。

问题的性质——产生这一问题的因素以及问题的解决之道——决定了要考虑哪些结果。在赌博中（比如就胶质软糖下注），我们关注的焦点是赢钱还是输钱；在工作面试中，我们关注的是受雇还是不受雇；在运动比赛中，我们关注的则是赢还是输。笔者把对这些有选择但又紧密相关的结果所进行的分组叫作结果分类。笔者发现，在多数问题中，设定三种结果就能包括所有可能的结果：两极各一种结果，中间一个结果，比如"赢／平／输"或"一个没有／一些／全部"。在任何一件事情之中，坚持尽量压缩可能的结果，要记住一条原则，那就是主要因素原则。

3. 视角

视角就是对结果所持的"观点"，它们对分析结果非常重要。视角最常见的情况就是决策者的视角，比如胶质软糖这个例子。这个例子中的决策者就是你——下注的人。反过来，我们还可以从瓶子主人的视角来分析效用。如果主人8岁，他想赚点儿钱去参加夏令营的话，情况会怎么样呢？如果真是这样，我们就可以以一种博爱的情怀从瓶子里取出一颗对小孩而不是对自己这个赌徒最有利——最有用的糖来。

作为分析者，我们一定要搞清楚我们的分析要反映谁的视角——谁的观点。决策不总是那么容易或清楚。如果我们分析的是别人或其他机构的选项，我们一定要进行"换位"，从他们的角度出发，尽量用他们的视角来看世界，看怎样才能最符合他们的利益，弄清楚他们的选择是如何受到别人观点的影响。

比如，我们在思考一个商业竞争对手很有可能怎么做的时候，我们要回答的第一个问题就是我们的竞争对手的效用是什么？他或她的利益是什么以及他或她怎么做才最符合自己的利益？要想合理地推断出竞争对手很可能怎么做，我们就一定要站在竞争对手的立场上来看问题，而不是以我们希望的竞争对手的立场来看问题。当然，说起来容易做起来难，这需要大量的实践。我们在试图从别人的立场上去看问题时，我们却经常只是挂羊头卖狗肉，实际上没有真正转变角色。笔者的意思是，我们好像是站在别人的立场上作决定的，但实际上我们看待问题时仍然带有个人的偏见、思维定式以及喜好。这根本就不是换位思考！换位思考指的是我们能像是一名专业演员一样来看待问题，好像我们就是那个人。在完成了这个角色转换之后，按照他的性格，我们再去分析哪些因素会影响这个人以及这个人会作出什么样的反应。

我们也不能忘记可能性分析，这也要站在竞争对手的立场上来进行。我们必须问自己竞争对手认为某个结果的可能性是多大，为什么？就像分析竞争对手如何看待效用时一样，这同样是一个棘手的问题，但它却很重要，是必须要做的一步。

诺伊施塔特和梅的"定位"法对换位思考很有帮助。定位有助于我们突破对人、机构和活动的传统观念，洞悉他们是如何一路走来、如何受到经验的影响和改变的。诺伊施塔特和梅强调了定位固有的弱点，他们称之为"不稳定性"。

所有的事件都很容易被误读。个人的记录很容易有缺陷、有错误，也容易有误解。推论只不过是假说而已，甚至让人觉得很虚无，更谈不上要"证明"了。定位想要越过种族、阶级和国家的界限时，情况会更加复杂。但是，定位看起来越难，就说明人们越有可能需要它。定位越模糊，回报越丰厚……

诺伊施塔特和梅说，尽管定位不一定可靠，"但有胜于无，因为比复杂更糟糕的东西是简单"。强烈推荐您读一读诺伊施塔特和梅的书《按时间思考》。

再重复一遍，我们分析那些部分或全部取决于其他人、组织或机构的意见的问题时，我们要尽可能地从他们的视角来看问题，因为正是他们的观点促成了那些决策。

二、效用树形图分析的 8 个步骤

第 1 步：找出要分析的选项和所有可能的结果。选项必须相互排斥而又不要全部列出来。而结果则既要相互排斥又要全部列出来。

第 2 步：找出分析的角度。我们自问："我分析效用的角度是什么？"在我们所举的例子中，我们会从"赌徒的利益"角度来看问题，那么，把这一点写在树形图的上方。

第 3 步：构建一系列的决策／事件树形图。这些图清楚地显示了选项和结果。每个选项都用一个单独的树形图来表示。我们的胶质软糖树形图（见图 10-3）就包括了要考虑的 3 个选项（3 个赌注，3 个树形图）和它们的 9 种可能的结果。

第 4 步：我们给每一个选项 – 结果的组合——每一种情形标上实用价值。

1. 效用问题

如果我们选择了这个选项，产生了这个结果的话，我们从……的角度得到了什么效用？把这个效用问题应用到红糖的选项 – 结果组合上，我们问：如果我们赌的是取出一颗红糖并实际真取出了 1 颗红糖，从打赌的人的角度来看，有什么效用呢？答案是：2 美元。我们把这个值填入红糖旁边"效用"标题下面这一栏（见图 10-4）。然后我们就第 2 种红糖的情形（赌的是红糖，取出的却是黄糖）问这个效用问题：如果我们赌的是取出一颗红糖而取出的却是一颗黄糖的话，效用是什么呢？答案是：0 美元。我们再就剩余的 7 种情形问同样的问题，并把它们的实用价值填入那一栏。

胶质软糖选项 – 结果的效用用美元和美分来表示，这一事实本身就让计算它们的实用价值变得容易了，因为我们习惯于用钱来表示价值。今后，我们还要用不用钱来表示实用价值的方式来处理问题。

视角：打赌者的利润

（赌）

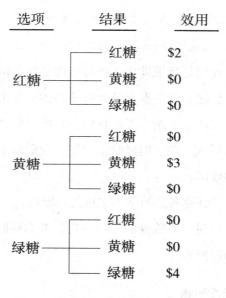

图 10-4　取糖赌效用树形图

　　3 个选项当中哪一个对我们好处最多、效用最大呢？很明显是绿糖，它值 4 美元。但绿糖真的是最佳选项吗？想一想。在赛马中，是不是所有下注的人都会把赌注押在那些回报最丰厚的马上？他们是不是把所有的钱都押在那匹赔率 100 : 1 的小马上？当然不是。他们会考虑赢的可能性。可能性。我们又回到这个问题上了，不是吗？绿糖在 3 个选项中明显对我们的效用最大——奖励最多，但要使赌注下得合理、明智，我们就必须考虑我们取出绿糖的可能性。

奖励（效用）决定了我们想要的东西。我们想要赢 4 美元。但取出一颗绿糖的可能性决定了我们能否得到 4 美元。再说一遍：效用决定了我们想要的东西；可能性决定了我们能得到的东西。换句话说，效用是梦想世界，而可能性是现实世界。永远记住这一点，不要忘记。这是本书里面所要讲的一个很深刻的东西。希望我们都能记住这一条，能在我们会影响我们和其他人一生的关键决策中运用这一条。但经常情况下，我们看不到可能性，只想得到最大的效用。

第 5 步：计算各选项结果实现的可能性。

因此我们对胶质软糖的分析一定要考虑到取出一颗红糖、黄糖或绿糖的可能性。

2. 可能性问题

如果选择了这个选项，这种结果的可能性是多少？把这个问题运用到第 1 种选项 – 结果的组合上（赌红糖，得红糖），可能性问题就应当这样问：如果我赌的是取出一颗红糖，那么我取出一颗红糖的可能性有多大？总共有 90 颗糖：45 颗红糖，36 颗黄糖和 9 颗绿糖。因此，取出一颗红糖的可能性是 50%，黄糖的可能性是 40%，绿糖的可能性是 10%。我们把这些可能性填入树形图中（见图 10-5）。注意，每个选项的结果的所有可能性加在一起必须等于 100%。

视角：打赌者的利润

（赌） 选项	结果	效用	可能性（％）
红糖	红糖	$2	50
	黄糖	$0	40
	绿糖	$0	10
黄糖	红糖	$0	50
	黄糖	$3	40
	绿糖	$0	10
绿糖	红糖	$0	50
	黄糖	$0	40
	绿糖	$4	10

图 10-5　取糖可能性树形图

我们已经给出了 3 个选项的实用价值（$2，$3，$4）和它们各自的可能性（50%，40%，10%）。那么，我们现在该如何利用这些计算来引导我们的决策，从而决定哪种赌法对我们最有利呢？我们通过一个叫作期望值的新概念来进行。

第 6 步：计算各选项的期望值。

3. 期望值

期望值是一个特定结果的实用价值和可能性相乘的结果。我们为什么要把它们相乘？因为实用价值取决于发生的可能性。只有在结果发生的条件下，我们才能得到效用。也就是说，只有在我们取出 1 颗绿糖的情况下，我们才能得到 4 美元（效用决定我们想要的东西；可能性决定我们得到的东西）。我们通过用发生的可能性乘以实用价值的方式来表示这种条件关系。我们在第 6 步中进行乘法运算，把得到的期望值填在标有"期望值"的这一栏（见图 10-6）。然后我们把每一种选项的期望值相加，把所得

视角：打赌者的利润

（赌）选项	结果	效用	可能性	期望值
红糖	红糖	$2	0.5	$1.00
	黄糖	$0	0.4	0
	绿糖	$0	0.1	0
黄糖	红糖	$0	0.5	0
	黄糖	$3	0.4	$1.2
	绿糖	$0	0.1	0
绿糖	红糖	$0	0.5	0
	黄糖	$0	0.4	0
	绿糖	$4	0.1	$0.4

图 10-6　取糖选项期望值树形图

视角：打赌者的利润

（赌）

选项	结果	效用	可能性	期望值	总期望值
红糖	红糖	$2	0.5	$1.00	$1.00
	黄糖	$0	0.4	0	
	绿糖	$0	0.1	0	
黄糖	红糖	$0	0.5	0	$1.2
	黄糖	$3	0.4	$1.2	
	绿糖	$0	0.1	0	
绿糖	红糖	$0	0.5	0	$0.4
	黄糖	$0	0.4	0	
	绿糖	$4	0.1	$0.4	

图 10-7　取糖选项总期望值树形图

的值填入标有"总期望值"的一栏（见图 10-7）。

第 7 步：我们把期望值从前到后进行排名，再添一栏（见图 10-8）。期望值表明，如果你选择下注，最好的决策就是选择购买取一颗黄糖的机会。

在第 8 步：我们进行一下健全检查。这种分析合理吗？我们明白其原理吗？我们自问把赌注下在黄糖上是否合理。尽管每颗绿糖值 4 美元，但 90 颗糖中只有 9 颗绿糖。而红糖虽然占一半，但黄糖的数量只是比一半稍少，价值更高。于是，分析合理。

你会注意到树形图中的标题是如何把语言简化了，这就把每

视角：打赌者的利润

（赌）

选项	结果	效用	可能性	期望值	总期望值	排名
红糖	红糖	$2	0.5	$1.00		2
	黄糖	$0	0.4	0	$1.00	
	绿糖	$0	0.1	0		
黄糖	红糖	$0	0.5	0		1
	黄糖	$3	0.4	$1.2	$1.2	
	绿糖	$0	0.1	0		
绿糖	红糖	$0	0.5	0		3
	黄糖	$0	0.4	0	$0.4	
	绿糖	$4	0.1	$0.4		

图 10-8　取糖选项总期望排名树形图

种情形下的一系列事件通过形象方式表示了出来，从而为分析提供了极大的方便。

我们的树形图实际上除赌红糖 - 得红糖、赌黄糖 - 得黄糖以及赌绿糖 - 得绿糖以外，本来可以省去其他的情形。我们关心的仅是上述 3 种选项 - 结果组合。尽管不考虑其他情况与分析所有可能的结果这一原则相违背，但在这个例子里这样做却是可以的。

在进行效用分析的时候，在不同的选项中我们所发现的期望值的差异应当促使我们这样问：为什么会有差异？为什么对这一选项的期望值与对那一个选项的期望值相比要大些或小些？分析这些问题会揭示出答案，这些答案会丰富我们的分析，坚定我们对结论的信心。我们当然可以盲目地按照数字进行分析，选择期望值最高的选项，而不用费力去弄明白选择这个选项而不是其他选项的理由。但我们这样做就会给我们的分析带来风险，因为效用分析的目的不仅是对我们选择最好的选项有帮助，而且要能更好地理解我们为什么作出这样的选择。

效用树形图分析的 8 个步骤概括如下。

第 1 步：找出要分析的选项和结果。

第 2 步：找出分析的角度。

第 3 步：为每一个选项构建决策/事件树形图。

第 4 步：给每一个选项 – 结果的组合——每一种情形标上实用价值。

第 5 步：给每一个结果赋予一个可能性。

第 6 步：用每一个实用价值乘以可能性得出期望值，把每一选项的这些期望值加起来。

第 7 步：对不同的选项的总期望值进行排名。

第 8 步：进行健全检查。

把这 8 个步骤运用到下面这些练习中去。

:: **练习 10–1　日本产品**

你的美国公司正在考虑从日本进口产品在全国的日用品连锁

店里进行销售。公司感兴趣的产品集中在 3 个品种上——装饰花瓶、使用电池的电动手钻以及一种立体声收音机和 CD 播放机的组合电器——每种产品分别由不同的日本公司生产。由于这些公司曾经拒绝与非日资公司做生意,因此要想让它们把产品卖给自己的公司,价格一定会很高,而且需要劝说很长时间。但是同时,它们感觉到了竞争的加剧,所以已经开始放出风声要解除不与外国公司打交道的禁令——这禁令是他们自己加在自己头上的。

美国公司的管理层决定,与其同时说服所有的日本公司,不如先集中对其中的一家公司进行游说。你的工作就是分析问题,找出这 3 种产品中的哪一种会给公司下一年度的销售带来最丰厚的回报。然后公司就会设法游说那个公司。

根据一份调查报告,花瓶会给公司带来 10 万美元的利润,手钻是 20 万美元,而组合电器是 50 万美元。据估计,说服生产这些产品的公司向本公司出售这些产品的可能性是:花瓶 90%,手钻 50%,组合电器 10%。那么公司应该对哪家公司集中进行游说呢?使用效用树形图,在一张纸上解决这个问题。

 继续阅读之前先停下来,使用效用树形图解决这个问题。

练习 10-1 的答案给出了构建好的树形图,它是从美国公司的利润的角度构建的。这里我们可以再一次不考虑那些"不可能"的结果。

我们用效用（$10 万，$20 万，$50 万）乘以它们各自的可能性（90%，50%，10%）从而得出期望值（$9 万，$10 万，$5 万）。手钻选项是较好的选择，因为它的期望值最高，为 10 万美元。但这个较好的选择它能通过健全检查吗？这个结论合理吗？我想是的。尽管美国公司销售手钻的可能性只是销售花瓶的 55%，但销售手钻的利润却比花瓶高一倍。尽管销售组合电器的利润是手钻的 1.5 倍，但销售组合电器的可能性却只是销售手钻的 20%。

:: 练习 10-2　下蛋的母鸡

你打算养一些下蛋的母鸡卖给卖鸡蛋的农场主，因而正要分析 3 个品种——褐色、白色和红色母鸡中哪种鸡最划算。前提是：100 只褐色的母鸡会给你带来 200 美元的利润，100 只白色母鸡会带来 300 美元的利润，而 100 只红色母鸡则会带来 400 美元的利润。但不幸的是，小鸡很容易受时下一种流行病的感染。农业部门告诉你褐色小鸡不会死于这种病毒的概率是 80%，白色的小鸡是 50%，而红色小鸡是 30%。

考虑一下利润和病毒，投资哪种鸡最好？在一张纸上用效用树形图解决这一问题。

 继续阅读之前先停下来，用效用树形图解决这一问题。

练习 10-2 的答案给出了构建好的树形图，它是从你的利润

的角度构建的。褐色小鸡是较好的选择，但优势并不大。褐色小鸡选项合理吗？是的，该问题与我们在前面所讲的"日本产品"问题一样，都是利润与可能性的问题。

:: 练习 10-3　胶质软糖（3）

瓶子里装的还是 90 颗糖：45 颗红的，36 颗黄的，还有 9 颗绿的。但瓶子的主人这次打的是以 10 美元为单位的赌，具体如下所述。

如果你连续从瓶子里取出 2 颗黄糖与 1 颗绿糖，你就会得到 90 美元（每取出 1 颗后再放回去，并把瓶子摇一摇，然后再取下 1 颗）。

如果你连续取出 1 颗红糖、1 颗黄糖和 1 颗绿糖，你会得到 80 美元。

如果你连续取出 3 颗黄糖，你会得到 70 美元。

如果你连续取出 2 颗红糖与 1 颗绿糖，你会得到 60 美元。

哪种赌法最好呢？在一张纸上用效用树形图解决这一问题，但这次不要包括所有的可能情形。我们这里只关心 4 种情况：黄 – 黄 – 绿、红 – 黄 – 绿、黄 – 黄 – 黄，以及红 – 红 – 绿。因此，你可以对其他情况不予考虑，只对这 4 种情形进行效用分析。

stop 继续阅读之前先停下来，用效用树形图解决这一问题。

练习 10-3 的答案给出了从 "你的货币收入" 角度构建的树形图。实际上，这个图并不能算是真正意义上的树形图，但是在任何事情中它都能起到这个作用。很明显，黄－黄－黄选项是较好的赌注，并且它能够通过健全检查。

还记得为什么在完整的树形图中 4 种可能性相加的总和不一定要等于 100% 吗？因为它们在总体上并不详尽，也就是说，还有很多其他可能的选项，比如黄－红－绿选项等。

我们迄今所做的效用树形图练习涉及货币结果——我们可以相加、相乘或相除的货币价值。但是，下一练习中的结果并不是货币价值。当效用不是用美元来计算时，我们如何才能计算出期望值（可能性乘以实用价值）呢？继续往下读，笔者会解释的。

:: 练习 10-4 证券投资（2）

你正在考虑对下列 3 种证券之一一次性投资 5000 美元。

- 投机高风险股票。这只股票比其他 2 种选项回报大，但同时风险也很大；如果情况不好的话，你可能会很轻易就输掉你的投资。

- 蓝筹中度风险股票。这只股票通常比投机股票回报少，但更加安全。

- 政府债券。它们的投资回报最低，但最安全——基本上没有风险。

在这个假设的例子中，两种股票的值——结果随着将来的 3 种情况下所发生的事情的不同而不同：战争、和平繁荣以及和平萧条。

- 投机高风险股票的面值在爆发敌对冲突时将会增加20%，如果经济繁荣则会增加1%，而如果经济萧条则会减少6%。

- 蓝筹中度风险股票的面值在战争及和平时期的经济繁荣时期都会有正面的增长（战争时增值9%，经济繁荣时期增值8%），但在经济萧条时期则保持不变（变化为0）。

- 债券无论在什么情况下都会增值4%。

战争的可能性是10%，和平则是90%。如果是和平的话，经济繁荣的可能性是60%，经济萧条的可能性是40%。这些可能性适用于所有3个选项。

因为这个问题可能看起来有点儿棘手，笔者来告诉你解题的步骤。

第1步：找出要分析的选项和结果。

有3个选项（投资股，蓝筹股和政府债券）和3个结果（战争，和平繁荣，和平萧条）。

第2步：找出分析的角度。

在一系列的树形图上方写上"视角：我的货币利润"。

第3步：为每一个选项构建决策／事件树形图。

图10-9给出了一系列的树形图。

第4步：给每个选项－结果的组合——每种情形标上实用价值。问下面这个效用问题：如果我们选择了这个选项，产生了这

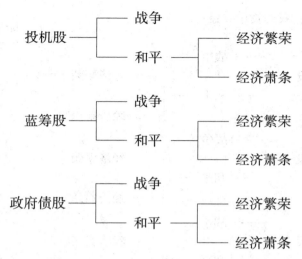

图 10-9 证券投资决策、事件树形图

个结果的话，我们从……的角度得到了什么效用？

现在我们就每个选项–结果组合（每种情况）进行效用提问。如果我们想的话，我们可能计算赚了多少美元以及证券面值损失了多少，用所得到的美元数值来表示我们的实用价值。但由于购买价格对所有的人都一样，所以有一种更为简单而直接的方法。在每种情况（每个分支）旁边填入面值要增加或减少的百分数。

图 10-10 给出了这些百分数。

现在，填入一个能最好地表示我们对于每种结果的主观判断的形容词或副词形容词（比如"最好""最差""极好""糟糕""很好""很差""糟糕透顶"），即给每个结果的百分数找一个程度合适的形容词。这是效用分析的一个重要特点。我们衡量的是

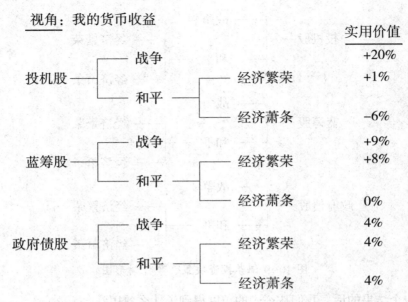

视角：我的货币收益

	实用价值
投机股 — 战争	+20%
投机股 — 和平 — 经济繁荣	+1%
投机股 — 和平 — 经济萧条	−6%
蓝筹股 — 战争	+9%
蓝筹股 — 和平 — 经济繁荣	+8%
蓝筹股 — 和平 — 经济萧条	0%
政府债股 — 战争	4%
政府债股 — 和平 — 经济繁荣	4%
政府债股 — 和平 — 经济萧条	4%

图 10-10 证券实用价值树形图

所有 9 种结果的实用价值，而不仅是某一个单独的树形图中的 3 种结果。因此，我们就投机 – 战争情形问效用问题："如果我们投资投机股时发生了战争的话，从我们的货币收益的角度，也就是说，从股票面值的 20% 的增值看，实用价值是多少？我们的答案可能是"非常好"，然后我们把这个词填在这种情形的旁边。所以，继续就每种情形进行效用问题的提问，把你的效用评估的形容词填上（没有"正确"的实用价值，把你凭直觉得出的任何一个形容词填上）。

图 10-11 在树形图中给出了表示对实用价值的主观判断的形容词。

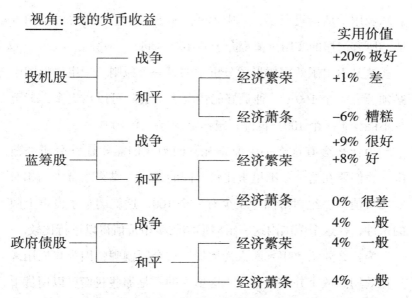

视角：我的货币收益

实用价值

投机股 ─── 战争　　　　　　　　　　　　+20% 极好
　　　　　　和平 ─── 经济繁荣　　　+1%　差
　　　　　　　　　 ─── 经济萧条　　　−6% 糟糕

蓝筹股 ─── 战争　　　　　　　　　　　　+9% 很好
　　　　　　和平 ─── 经济繁荣　　　+8%　好
　　　　　　　　　 ─── 经济萧条　　　0%　很差

政府债股 ── 战争　　　　　　　　　　　　4%　一般
　　　　　　和平 ─── 经济繁荣　　　4%　一般
　　　　　　　　　 ─── 经济萧条　　　4%　一般

图 10−11　加注主观判断词的证券实用价值树形图

在决定实用价值的过程中，笔者确信，你发现你很快在它们中间找到了排列顺序，你的大脑立刻了感受到了这一点，虽然我们并没有刻意地这么做。笔者相信，我们之所以能这么轻松地找出排列顺序，这与大脑按时间顺序和因果关系的方式看待事情的本能相关。在任何情况下，大脑都能很快地完成这一任务。

让我们再回过头来看一下整个过程吧。

使用形容词的困难在于我们不能用它们乘以可能性从而得出期望值。形容词并不能以数字的形式告诉我们每一种情形的实用价值是多少。要计算期望值，我们要通过某种方式使形容词量化。要做到这一点有一种容易的方法。我们只要用 0~100 区间的数来表示实用价值就可以了，其中 100 表示所有结果中最好的实用价值，所有情形的实用价值都介于 0~100 区间。

这又引出了效用树形图分析中的另一个原则。一组树形图中必须要有一个 100（一种最好的情况），实际可以用更多，但至少不能少于一个 100。再说一遍：至少有一个 100。

为什么会有这么一条原则呢？因为我们需要建立分析的范围，我们要在这个范围里来比较不同的选项－结果组合中的相对实用价值。一组树形图中至少有一个 100，这就满足了设定上限的条件，在这个范围内这一组树形图的实用价值得以进行比较。

为什么要给效用判断人为地加上一个限制呢？因为我们用来量化效用的数字并不是真的（这里说的不是那些我们可以用货币值来表示效用的情况）。我们用 100 来表示的实用价值代表什么呢？100 什么？100 个效用单位。1 个效用单位是什么？这是一种抽象的概念，它提供了 1 个公分母，这样我们就可以拿一个选项－结果组合比上另一个选项－结果组合。1 个效用单位不能用任何一种客观的标准进行衡量，它是纯理论的单位。在这组树形图之外，我们赋予一种结果的实用价值没有任何意义。

设想一下，如果你告诉生意场上的一个朋友，你正准备买某一台电脑，因为"它的实用价值是 90"，这会是什么情况？

（有一种效用概念叫作"无用"，人们根据结果是如何地不理想，运用这一概念，用从 0~–100 来表示这些结果的实用价值。笔者还没有为这种颠倒的概念找到一种实际的效用。）

只使用能够被 10 整除的实用价值（比如 10，40，90，100）。
原因有 3 下述 3 个。

■ 由于实用价值是主观的东西，它们在本质上是不精确的。把实用价值限制在能被 10 整除的数字上再次印证了其不准确性。如果使用更加精确的数字，会向我们或其他人暗示这些实用价值有更加精确的客观基础，但在效用分析中，其实是没有客观基础的（当然，除非我们是用货币值来表示效用）。

■ 用 10 的倍数来表示的值能像更精确的数字一样达到我们的目的。

视角：我的货币收益

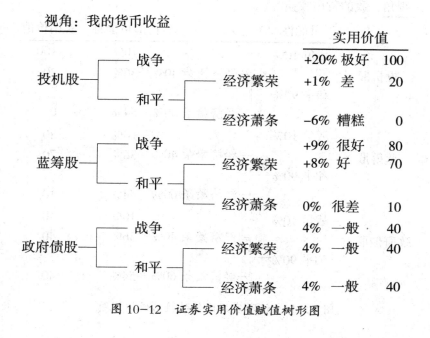

图 10-12　证券实用价值赋值树形图

■ 用 10 的倍数来表示的值特别容易进行数学运算。

我们再回到我们的树形图上来，把形容词表示的实用价值转换成 0 和 100 之间的 10 的倍数。这些就是实用价值。图 10-12 给出了笔者把形容词表示的实用价值转换成 0 ~ 100 区间内 10 的倍数的结果。然而，方便起见，不要用形容词作为过渡步骤来表示实用价值。让你在这个练习中这么做只是教你这么一种方法。

在接下来的练习中，在你自己进行效用分析的时候，直接用 10 的倍数表示实用价值，而不需要使用形容词。

第 5 步：给每一个结果赋予一个可能性（见图 10-13）。通

视角：我的货币收益

可能性			情形可能性	实用价值
投机股	战争 10%		10%	100
	和平 90%	经济繁荣 40%	36%	20
		经济萧条 60%	54%	0
蓝筹股	战争 10%		10%	80
	和平 90%	经济繁荣 40%	36%	70
		经济萧条 60%	54%	10
政府债股	战争 10%		10%	40
	和平 90%	经济繁荣 40%	36%	40
		经济萧条 60%	54%	40

图 10-13 证券实用价值赋值后的树形图

过问下面这个问题决定或估算这种可能性：如果选择了这个选项，这种结果的可能性是多少？每一个选项的结果的所有的可能性加在一起必须等于100%。

一般情况下，在我们处理问题时要问可能性问题，但是，由于可能性已经在上面给出了，所以我们只要把它们填入树形图中的适当位置就可以了，然后计算出每一种情形的可能性。

图 10–13 就给出了填入的可能性。

第 6 步：用每一个实用价值乘以可能性得出期望值，把每一选项的这些期望值加起来。

视角：我的货币收益

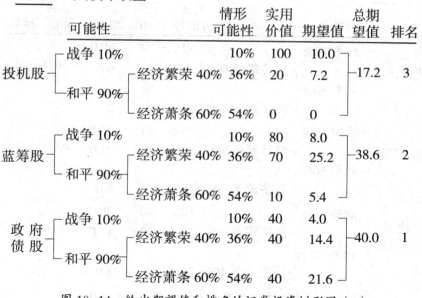

图 10–14　给出期望值和排名的证券投资树形图（1）

第 7 步：对不同的选项进行排名。

图表 10-14 给出了得到的期望值和排名。考虑到结果的可能性，政府债券是较佳的投资，蓝筹股次之，投机股第三。

如果我们改变可能性的话会怎么样呢？比如战争的可能性是 50%，和平繁荣是 60%，和平萧条是 40%。用这些新的可能性重新计算，看哪种投资在不同情况下最好。

图 10-15 给出了用新可能性计算出的结果。在这些情况下，蓝筹股变成了较好的投资，而投机股排名第二，政府债券变成了第三。

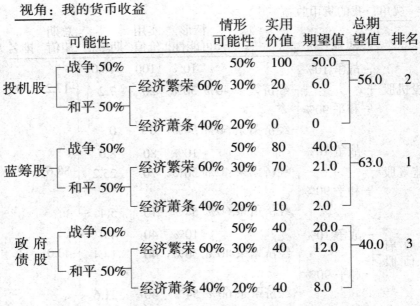

图 10-15　给出期望值和排名的证券投资树形图（2）

三、效用及可能性

像这本书里所讨论的所有其他方法一样，效用分析是一种统筹方法。统筹是干什么的呢？它把问题系统地分成构成元素，从而让我们能单独地、系统地而且充分地集中于其中的每一个元素。效用分析区分的最重要的东西就是效用和可能性。这一点为什么重要呢？因为效用和可能性是两个迥异的对象，每一个对象的关注点不同，特别是它们所使用的语言不同。

看一下效用和可能性问题之间的巨大的差异。

效用：如果选择了这个选项并出现了这种结果，有什么效用？

可能性：如果选择了这个选项，这种结果出现的可能性是多少？

这些很明显是完全不同的对象。在分析效用时提出问题，表明立场，而在分析可能性的时候不是这样，而是恰恰相反。因此，在与别人一起分析或讨论问题时如果把这两者混淆在一起，我们就会犯迷糊，分析的水也被搅浑了。

如果你偶尔有兴致参加一些有趣的娱乐活动的话，留心别人关于政治、宗教或某个其他时事问题的谈话，注意他们是如何使用效用和可能性的，你就会发现，对话者们会很随便地、无意识地在效用和可能性之间切换，而且经常是在一个句子里面，他们兴高采烈，根本没有意识到他们在这么做，也没有意识到混淆这两个概念会有什么后果。除非是我们有意地加以区分，也就是说，统筹我们关于效用的讨论和关于可能性的讨论，否则这两个概念几乎一定会不可避免地纠缠在一起，而我们却不会注意到这一点。但这样，我们就混淆了其隐含的假设，而正是这些假设控制着我们想要什么（效用）和能得到什么（可能性）。把效用和可能性区分开来就避免了这些问题，而且，作为一种额外的奖励，这还能让我们进一步地了解存在于可能性与效用之间的一种强烈的动态关系，而这种动态关系一般情况下是不太容易发现的。这句话想告诉我们的信息很明确：永远把效用和可能性的分析（包括讨论）分开。

效用与可能性概念之间的关系是一种我们都熟悉的关系。我们人类很久以前就不断地遇到这两个概念，就像我们还是孩子时我们想要某一种新玩具但又知道父母不会给我们买一样，因为玩具太贵了。玩具对我们的效用很大，但它的成本使得我们得到它的可能性变得极低。作为十几岁的孩子，我们依恋某人：如果我们没有自信，我们就会担心别人并不依恋我们（感情对我们来说很有用，但我们认为彼此依恋的可能性很低）；如果我们过度自信，我们就会把相互依恋的可能性看得很高。随着我们不断成熟，经验越来越丰富，我们就会无意识地依赖效用和可能性为我们的决策提供信息和指导，让它来告诉我们在人生的每一个阶段该做什么。但即使如此，我们其实也很少能注意到这种依赖，因为它是通过无意识的心理捷径完成的。这本书的一个目的就是让我们意识到在分析和决策过程中我们是如何依赖于效用和可能性的，意识到它们是如何误导我们的思维的。现在是我们学着把这两个概念区分开来的时候了，是我们学着在我们的职业和私人生活中让这两个概念之间的差别为我们所用的时候了。

然而，由于效用和可能性与我们的决策相关，分析效用和可能性就变得很困难，在分析（预测）别人的决策时更加困难。在分析和评估别人、其他企业和政府所要采取的行为时，效用与可能性之间还有一种关系，这一关系我们也应当特别注意。笔者指的是人们为了达到对自己有利的目的会非常努力，而如果要达到那些对自己没有什么好处的目标，他们就不会这么努力了。历史充满了各种人、企业和民族的例子，他们仅通过决心和想象就能克服那些看起来无法克服的困难，从而达到个人、机构或民族的目标，比如克服了自己小时候的肌肉损伤而进入职业排名前列的运动员，或者成功地与工业巨人竞争的小公司。事实上，人们越是为了自己的利益而努力工作，他们达到目标的可能性就越大。

历史上有这么一个例子说明了忽视这种人类行为的潜力是如何导致计算失误的，这个例子就是1943年纳粹最高统帅部没有预见到盟军会把诺曼底当作进攻欧洲的登陆场。误导纳粹战略家的一个关键"证据"就是诺曼底的海滩很浅，不适合作为盟军登陆的港口，盟军不可能把大量军队和物资从这里运送上岸，因为他们立即需要军队和物资来维持他们的进攻，从而避免被赶回英吉利海峡。纳粹推理得没错，盟军也没有错，进攻需要一个现代化的、装备齐全的海港的各种设施。这主要是考虑到这一点，阿道夫·希特勒（Aololf Hitloer）和主要的纳粹陆军元帅们相信进攻会来自法国港口城市加来，而如果诺曼底会有任何登陆的话，那只不过是声东击西罢了。确实，纳粹情报部门的一份报告预测了准确的登陆场、日期和时间，但是据报道说，希特勒没有重视这一情报，甚至认为这是一种有意识的欺骗。

希特勒和他的军事参谋没有认识到盟军准备从诺曼底登陆的决心已定（看到了如此大的效用），因此盟军会设计某种方法来克服对他们不利的海岸，希望以此可以增加登陆成功的可能性。他们所做的——蔚为壮观的工程特技——就是要建造两个完整的事先制作好的人工港，每个港口都包括一个用沉船制成的防浪堤，也就是一种由巨大的箱子一样的水泥建筑（大约 3 层楼这么高）以及浮动公路和码头构成的外围海堤。全英大约 2000 名港口工人在仅 7 个月的时间内就建成了所有的部件，还建成了一支由 200 艘拖船组成的舰队把盟军送往诺曼底。纳粹通过空中照相侦察获得了正在建造的建筑的照片，但没有认识到这些东西的真正目的。盟军的决心和机智让纳粹最高统帅部吃了一惊，并直接导致了登陆的成功和纳粹德国的战败。

你一旦掌握了效用分析的基本原理，就会觉得它真的很容易。对一些人而言，它一开始看上去只不过是"捣弄数字"，这就让他们在直觉上不喜欢它，使他们对结果的有效性不相信。这些人觉得他们不是在使用他们的大脑，他们没有在进行大脑运动，这让他们感觉不舒服。然而，这种不舒服的感觉是预料之中的事，因为他们以前从未使用过这种分析方法。原来笔者也没有，笔者第一次知道效用分析是怎么回事是 14 年前的事。从那时起，经过不断的实践，笔者已经开始完全相信这种方法了，因为笔者明白整个过程以及通过这一过程会得出什么结果。

附　录

练习 2-1 答案

体育运动风险等级划分矩阵范例

	实际排名	练习排名	数字差
拳击	1	5	4
橄榄球	2	4	2
摩托车赛	3	1	2
潜水	4	7	3
登山	5	6	1
滑翔	6	2	4
跳伞	7	3	4
赛马	8	8	0
总数字差			20

第 1 步：在练习排名下面输入一组的排名。

第 2 步：计算练习排名和实际排名之间的数字差。

第 3 步：把数字差相加并把总数输入底栏。

总数字差最小的排名是最精确的。

问题 1

■ 为 3 群人——步行者，骑自行车的人和溜滑板的人——中的每一组设立不同的时间段（几点、周几、几月），让他们独占车道。

■ 划定车道的某些路段仅供 3 群使用者中的 1 群人使用。

■ 让 3 群人轮流使用车道的某些路段。

■ 在上班高峰期限制步行者使用（只允许骑自行车的人和溜滑板的人使用）。

■ 逮捕、处罚或监禁那些扔大头钉的人。

■ 罚那些扔大头钉的人每天打扫车道，为期 1 个月。

■ 公布那些扔大头钉的人的身份。

■ 公开建议车道使用者带着照相机把那些不遵守公共道德的人拍摄下来。

■ 公布违反者的照片和他们的姓名、住址。

■ 拓宽车道、隔出小道供每群人使用。

■ 建一条新的与旧车道平行的专门为骑自行车人和溜滑板人设计的沥青路。

■ 沿车道设立一些防护装置以确保礼貌与安全，并解决纠纷，逮捕闹事者。

■ 竖一些大的醒目的招牌，上面写上"车道规则"。

■ 建立一支自愿行动小组与美国国家公园管理局一起工作

和研究问题，推荐改正措施并对情况进行监督。

■ 沿车道放置扫帚和垃圾桶供人们清除大头钉。

■ 在车道最受争议的路段安装摄像装置，由国家公园管理局总部监视这些摄像机，并在需要的时候指示国家公园警察维持秩序。

■ 利用监控录像逮捕那些扔大头钉的人。

■ 给骑自行车的人和溜滑板的人设速度限制。

■ 沿车道安装雷达（受国家公园管理局的监控）来发现、辨认和逮捕超速者。

■ 禁止溜滑板者成群结队。

■ 在电视和广播上呼吁车道上的公共礼貌。

■ 在地方报纸上登载有关事故的报道文章并呼吁公共礼貌。

■ 在车道的空隙处安装特殊围栏，铺上沥青以阻止溜滑板。

■ 每天沿车道驾驶机动的"大头钉清道夫"来回几次。

■ 通过设置围栏控制车道的入口，并在所有的车道入口设置由国家公园警察操作的大门。

■ 让步行者带上尖头的木头拍子来打那些肇事者。

■ 让步行者用喷漆枪喷那些肇事者。

■ 让美国总统向公众呼吁车道礼貌与安全。

■ 让弗吉尼亚州州长向公众呼吁车道礼貌与安全。

■ 沿车道竖些幽默的招牌提高使用者对问题的警觉，并呼吁他们配合。

问题 2

规章制度

- 为 3 群人——步行者，骑自行车的人和溜滑板的人——中的每 1 组设立不同的时间段（几点、周几、几月），让他们独占车道。
- 划定车道的某些路段仅供 3 群使用者中的 1 群人使用。
- 让 3 群人轮流使用车道的某些路段。
- 在上班时间的高峰期限制步行者使用（只允许骑自行车的人和溜滑板的人使用）。
- 建立一支自愿行动小组与美国国家公园管理局一起工作，研究问题，推荐改正措施并对情况进行监督。
- 禁止溜滑板者成群结队。
- 给骑自行车的人和溜滑板的人设速度限制。

惩罚违规者

- 逮捕、处罚或监禁那些扔大头钉的人。
- 罚那些扔大头钉的人每天打扫车道，为期 1 个月。
- 公布那些扔大头钉的人的身份。
- 公开建议车道使用者带着照相机把那些不遵守公共道德的人拍摄下来。
- 公布违反者的照片和他们的姓名、住址。

物理构造

■ 拓宽车道、隔出小道供每群人使用。

■ 建一条新的与旧车道平行的专门为骑自行车人和溜滑板
人设计的沥青路。

■ 在最受争议的车道路段安装摄像装置。

■ 沿车道安装雷达（受国家公园管理局的监控）来发现、
辨认和逮捕超速者。

■ 在车道的空隙处安装特殊围栏，铺上沥青以阻止溜滑板。

■ 通过设置围栏控制车道的入口，并在所有的车道入口设
置由国家公园警察操作的大门。

强化措施

■ 沿车道设立一些防护装置以确保礼貌与安全，并解决纠
纷，逮捕闹事者。

■ 在车道最受争议的路段安装摄像装置，由国家公园管理
局总部监视这些摄像机录下的视频，并在需要的时候
指示国家公园警察维持秩序。

■ 利用监控录像逮捕那些扔大头钉的人。

■ 沿车道安装雷达（受国家公园管理局的监控）来发现、
辨认和逮捕超速者。

清除大头钉

■ 沿车道放置扫帚和垃圾桶供人们清除大头钉。

■ 每天沿车道驾驶机动的"大头钉清道夫"来回几次。

促进礼貌与安全

■ 竖一些大的醒目的招牌，上面写上"车道规则"。

■ 在电视和广播上呼吁车道上的公共礼貌。

■ 在地方报纸上登载有关事故的报道文章并呼吁公共礼貌。

■ 沿车道树些幽默的招牌提高使用者对问题的警觉并呼吁他们配合。

不实际的想法

■ 让步行者带上尖头的木头拍子来打那些肇事者。

■ 让步行者用喷漆枪喷那些肇事者。

■ 让美国总统向公众呼吁车道礼貌与安全。

■ 让弗吉尼亚州州长向公众呼吁车道礼貌与安全。

问题 3

短期措施

■ 建立一个由 4 名成员组成的公民顾问小组，由竞争的 3 群人和国家公园管理局各出 1 名代表，与国家公园管理局一起工作和研究问题，推荐补救措施，并监督情况。

■ 在地方报纸上登载有关事故的报道文章并呼吁公共礼貌。

■ 为 3 群人——步行者，骑自行车的人和溜滑板的人——中的每 1 组设立日期和时段让他们独占车道（例如，每周一、三、五，9：00 a.m. ~ 12：00 p.m.，仅供骑自行车的人使用；每周二、四，9：00 a.m. ~ 12：00 p.m.，仅供溜滑板的人使用）在上班高峰期（6：30 ~ 9：00 a.m. 和 4：00 ~ 6：30 p.m.）限制步行者使用。

■ 公开建议车道使用者带着照相机拍摄那些在单独使用期间内不遵守规定的人。

■ 对肇事者处以罚款并登报公布他们的姓名、住址和照片。

可能的长期措施

■ 拓宽车道、隔出小道供每群人单独使用。

练习 6-1 答案

公众停车位 —— D ⟶ 不购物的城际往返者占用的停车位

不购物的城际往返者占用的停车位 —— I ⟶ 购物者所能使用的停车位

购物者所能使用的停车位 —— D ⟶ 销量

销量 —— I ⟶ 公众停车位

因果关系图

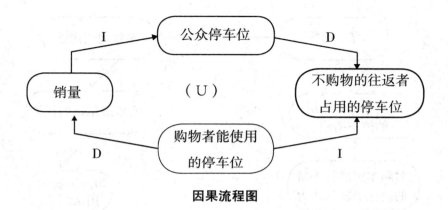

因果流程图

练习 6-2 答案

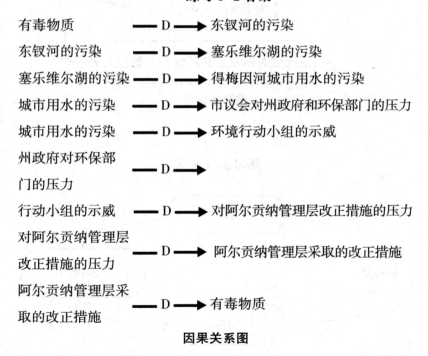

有毒物质　　　　　　━━ D ━━▶　东钆河的污染

东钆河的污染　　　　━━ D ━━▶　塞乐维尔湖的污染

塞乐维尔湖的污染　━━ D ━━▶　得梅因河城市用水的污染

城市用水的污染　　━━ D ━━▶　市议会对州政府和环保部门的压力

城市用水的污染　　━━ D ━━▶　环境行动小组的示威

州政府对环保部门的压力　　━━ D ━━▶

行动小组的示威　　━━ D ━━▶　对阿尔贡纳管理层改正措施的压力

对阿尔贡纳管理层改正措施的压力　　━━ D ━━▶　阿尔贡纳管理层采取的改正措施

阿尔贡纳管理层采取的改正措施　　━━ D ━━▶　有毒物质

因果关系图

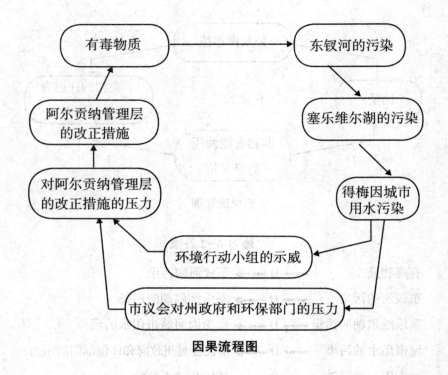

因果流程图

练习 6-3 答案

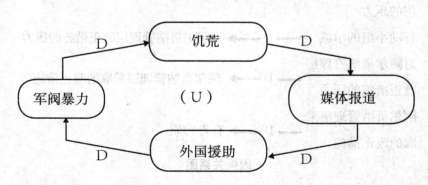

问题 2

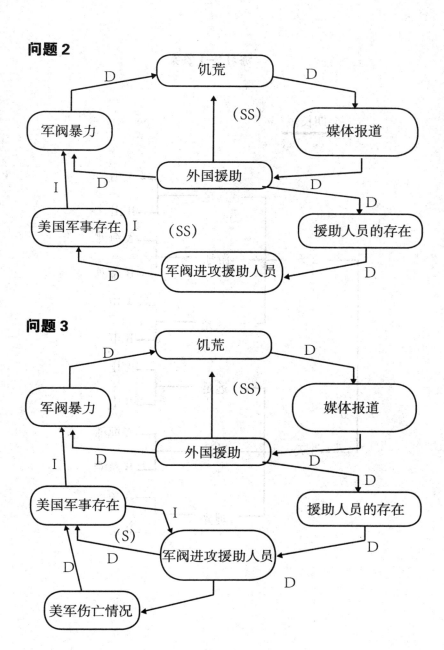

问题 3

练习 7-1 答案

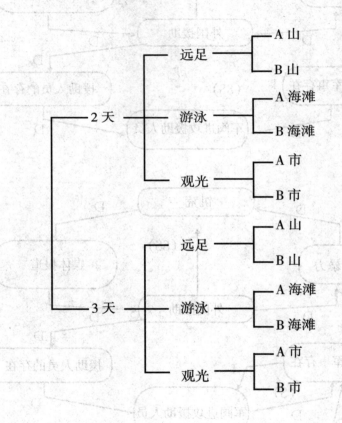

会期长短

- 2 天
  - 远足
    - A 山
    - B 山
  - 游泳
    - A 海滩
    - B 海滩
  - 观光
    - A 市
    - B 市
- 3 天
  - 远足
    - A 山
    - B 山
  - 游泳
    - A 海滩
    - B 海滩
  - 观光
    - A 市
    - B 市

练习 7-2 答案

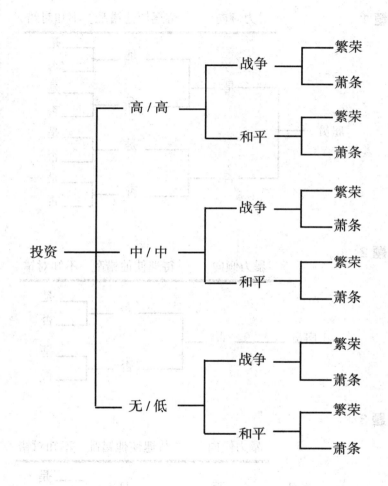

练习 7-3 答案

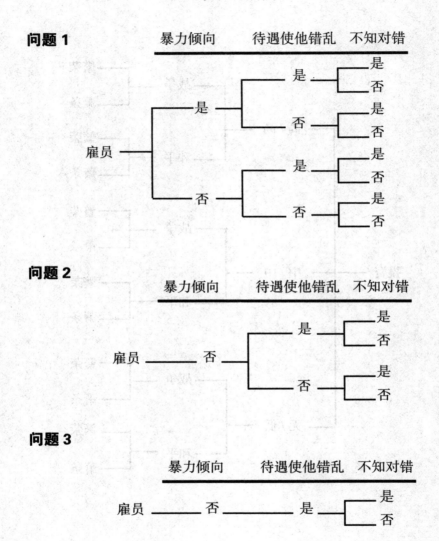

问题 1

暴力倾向　　　待遇使他错乱　不知对错

问题 2

暴力倾向　　　待遇使他错乱　不知对错

问题 3

暴力倾向　　　待遇使他错乱　不知对错

练习 7-4 答案

雇员想参与管理的程度　　　雇员与管理层商讨时喜欢采取的方式

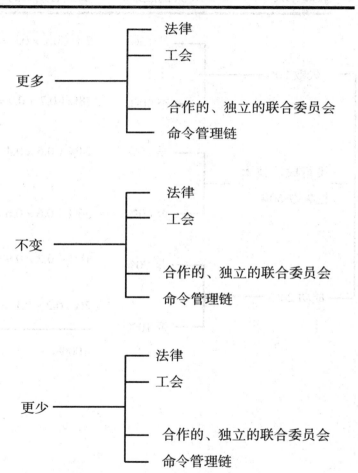

更多 ——
- 法律
- 工会
- 合作的、独立的联合委员会
- 命令管理链

不变 ——
- 法律
- 工会
- 合作的、独立的联合委员会
- 命令管理链

更少 ——
- 法律
- 工会
- 合作的、独立的联合委员会
- 命令管理链

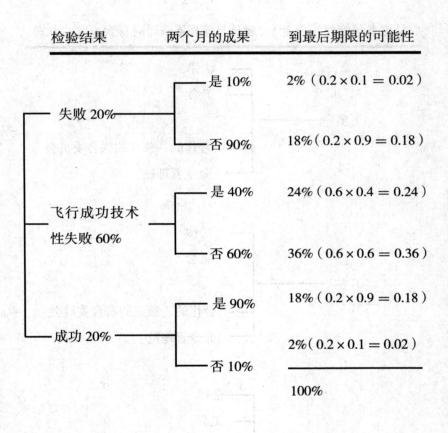

检验结果	两个月的成果	到最后期限的可能性
	是 10%	2%（0.2 × 0.1 ＝ 0.02）
失败 20%		
	否 90%	18%（0.2 × 0.9 ＝ 0.18）
	是 40%	24%（0.6 × 0.4 ＝ 0.24）
飞行成功技术		
性失败 60%	否 60%	36%（0.6 × 0.6 ＝ 0.36）
	是 90%	18%（0.2 × 0.9 ＝ 0.18）
成功 20%		2%（0.2 × 0.1 ＝ 0.02）
	否 10%	
		100%

练习 9-6 答案

问题 1

电话的可能性树形图

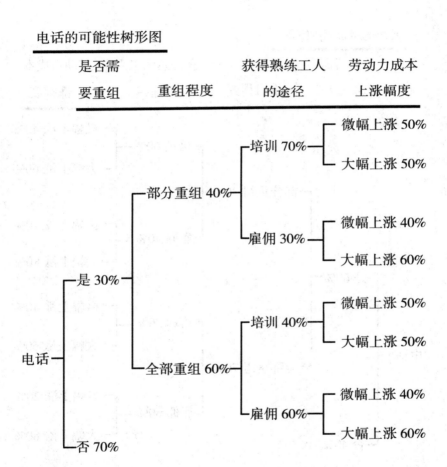

|是否需要重组|重组程度|获得熟练工人的途径|劳动力成本上涨幅度|

培训 70% ─ 微幅上涨 50% / 大幅上涨 50%

部分重组 40% ─ 雇佣 30% ─ 微幅上涨 40% / 大幅上涨 60%

是 30%

全部重组 60% ─ 培训 40% ─ 微幅上涨 50% / 大幅上涨 50%

雇佣 60% ─ 微幅上涨 40% / 大幅上涨 60%

电话

否 70%

天线的可能性树形图

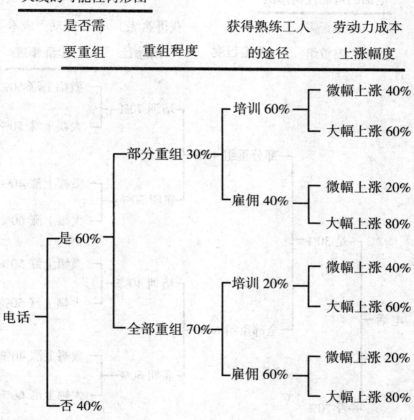

	电话（%）天线（%）	可能性

1. 生产线全部重组？   18   42

电话：$0.3 \times 0.6 = 0.18$

天线：$0.6 \times 0.7 = 0.42$

2. 重新培训现有的员工？   16   19

电话：$0.3 \times 0.4 \times 0.7 = 0.084$

$$+ 0.3 \times 0.6 \times 0.4 = \underline{0.072}$$
$$0.156$$

天线：$0.6 \times 0.3 \times 0.6 = 0.108$

$$+ 0.6 \times 0.7 \times 0.2 = \underline{0.084}$$
$$0.192$$

3. 雇用新员工？   14   41

电话：$0.3 \times 0.4 \times 0.3 = 0.036$

$$+ 0.3 \times 0.6 \times 0.6 = \underline{0.108}$$
$$0.144$$

天线：$0.6 \times 0.3 \times 0.4 = 0.072$

$$+ 0.6 \times 0.7 \times 0.8 = \underline{0.336}$$
$$0.408$$

（续项）

4.劳工成本稍微上涨？　　　　　　　　14　　　　　16

电话：$0.3 \times 0.4 \times 0.7 \times 0.5 = 0.0420$

　　　$+ 0.3 \times 0.4 \times 0.3 \times 0.4 = 0.0144$

　　　$+ 0.3 \times 0.6 \times 0.4 \times 0.5 = 0.0360$

　　　$+ 0.3 \times 0.6 \times 0.6 \times 0.4 = \underline{0.0432}$

　　　　　　　　　　　　　　　　　　0.1356

天线：$0.6 \times 0.6 \times 0.6 \times 0.4 = 0.0864$

　　　$+ 0.6 \times 0.3 \times 0.4 \times 0.2 = 0.0144$

　　　$+ 0.6 \times 0.7 \times 0.2 \times 0.4 = 0.0336$

　　　$+ 0.6 \times 0.7 \times 0.8 \times 0.2 = \underline{0.0672}$

　　　　　　　　　　　　　　　　　　0.2016

5.劳工成本大幅上涨？　　　　　　　　16　　　　　14

电话：$0.3 \times 0.4 \times 0.7 \times 0.5 = 0.0420$

　　　$+ 0.3 \times 0.4 \times 0.3 \times 0.6 = 0.0216$

　　　$+ 0.3 \times 0.6 \times 0.4 \times 0.5 = 0.0360$

　　　$+ 0.3 \times 0.6 \times 0.6 \times 0.6 = \underline{0.0648}$

　　　　　　　　　　　　　　　　　　0.1644

天线：$0.6 \times 0.3 \times 0.6 \times 0.6 = 0.0648$

　　　$+ 0.6 \times 0.3 \times 0.4 \times 0.8 = 0.0576$

　　　$+ 0.6 \times 0.7 \times 0.2 \times 0.6 = 0.0504$

　　　$+ 0.6 \times 0.7 \times 0.8 \times 0.8 = \underline{0.2688}$

　　　　　　　　　　　　　　　　　　0.4416

练习 10-1 答案

视角：美国公司的利益

选项	（结果）卖 给美国公司	效用	可能性	期望值	期望值	排名
花 瓶	是	$100000	90%	$90000	$90000	2
	否	0	10%	0		
钻孔机	是	$200000	50%	$100000	$100000	1
	否	0	50%	0		
组合电器	是	$500000	10%	$50000	$50000	3
	否	0	90%	0		

练习 10-2 答案

视角：养鸡的利润

选项	(结果) 未感 染病毒致死	效用	可能性	期望值	期望值	排名
褐色小鸡	是	$200	80%	$160	$160	1
	否	0	20%	0		
白色小鸡	是	$300	50%	$150	$150	2
	否	0	50%	0		
红色小鸡	是	$400	30%	$120	$120	3
	否	0	70%	0		

练习 10-3 答案

视角：我的经济利益

（可能性）

选项	结果	效用	可能性	期望值	排名
黄－黄－绿	黄－黄－绿	$90	16%	$1.44	4
红－黄－绿	红－黄－绿	$80	20%	$1.60	2
黄－黄－黄	黄－黄－黄	$70	64%	$4.48	1
红－红－绿	红－红－绿	$60	25%	$1.50	3